COMUNICAÇÃO ANTIRRACISTA

MIDIÃ NOELLE

COMUNICAÇÃO ANTIRRACISTA

Um guia para se comunicar com todas as pessoas, em todos os lugares

🌐 Planeta

Copyright © Midiã Noelle, 2025
Copyright © Editora Planeta do Brasil, 2025
Todos os direitos reservados.

Preparação: Camila Gonçalves
Revisão: Mariana Gomes e Fernanda Guerriero Antunes
Projeto gráfico e diagramação: Gisele Baptista de Oliveira
Capa: Oga Mendonça

DADOS INTERNACIONAIS DE CATALOGAÇÃO NA PUBLICAÇÃO (CIP)
ANGÉLICA ILACQUA CRB-8/7057

Noelle, Midiã
 Comunicação antirracista: um guia para se comunicar com todas as pessoas, em todos os lugares / Midiã Noelle. -- São Paulo : Planeta do Brasil, 2025.
 192 p.

 ISBN: 978-85-422-3192-2

 1. Antirracismo – Comunicação 2. Jornalismo I. Título

25-0490　　　　　　　　　　　　　　　　　　　　CDD 305.8

Índice para catálogo sistemático:
1. Antirracismo – Comunicação

MISTO
Papel | Apoiando o manejo florestal responsável
FSC® C112738

Ao escolher este livro, você está apoiando o manejo responsável das florestas do mundo e de outras fontes controladas

2025
Todos os direitos desta edição reservados à
Editora Planeta do Brasil Ltda.
Rua Bela Cintra, 986, 4º andar – Consolação
São Paulo – SP – 01415-002
www.planetadelivros.com.br
faleconosco@editoraplaneta.com.br

Ao meu pai [*in memoriam*],
à minha mãe e à minha irmã.

SUMÁRIO

Apresentação, por Carla Akotirene 10

Prefácio, por Ana Flávia Magalhães Pinto 12

1. A comunicação como legado familiar 18

2. Comunicação antirracista: uma realidade incontornável 34

   2.1. Comunicação entre barreiras e silenciamentos 35

   2.2. Comunicação antirracista: nem tão novo, nem tão óbvio 39

   2.3. "Todas as pessoas têm lugar de fala" 44

3. Percursos da população negra na comunicação 50

   3.1. Perspectiva histórica: herança ancestral 51

   3.2. Imprensa negra para uma contranarrativa ao racismo 57

   3.3. Deslegitimação: o direito usurpado de ser negro 61

   3.4. O poder das palavras e imagens hoje: além do que se vê? 65

4. Racismo estrutural e mídia 74

   4.1. "Que show da Xuxa é esse?"
        na construção dos imaginários 75
   4.2. Como o racismo afeta a produção
        em comunicação? 78
   4.3. O educar como rotina da
        comunicação antirracista 82
   4.4. Como a comunicação pode
        reforçar desigualdades 88

**5. Como construir narrativas que
   empoderem a população negra?** 94

   5.1. Diretrizes conceituais 95
   5.2. Análise do discurso 1 – "A nova estética
        política: mulheres negras no poder" 96
   5.3. Análise do discurso 2 – "Coalizão
        por uma ministra negra no STF" 101
   5.4. Análise do discurso 3 – "Por referências
        sobre o amor preto" 104

**6. Avanços e tensões no discurso
   político e governamental** 108

   6.1. A comunicação como aliada
        das ações afirmativas 109
   6.2. Educação midiática para o
        enfrentamento do racismo 114

6.3. "E os avanços, presidente?" – desconexão retórica racial ... 120

7. Registros do nosso tempo: o que pensam os comunicadores antirracistas? ... 126

7.1. Se o mundo é negro, a alma tem cor? ... 127

7.2. Comunicação antirracista gera influência ... 130

8. Comunicação antirracista na prática ... 136

8.1. Práticas profissionais cotidianas ... 137

8.2. Para todas as pessoas, em todos os lugares ... 141

Últimas considerações, mas é só o começo ... 150

Notas de fim ... 156

Músicas citadas no livro ... 172

Referências bibliográficas ... 174

Bibliografia consultada ... 186

Agradecimentos ... 190

APRESENTAÇÃO

A obra *Comunicação antirracista*, da pesquisadora Midiã Noelle, é uma oferenda arriada no caminho discursivo de Ògun. A leitura nos encoraja a refletir acerca dos prejuízos causados por um jornalismo que, em termos éticos, não está preocupado com a reputação e a dignidade humanas.

O sistema mundo assumiu a narrativa de guerra às drogas. Portanto, é preciso admitir que a circulação da notícia sobre a culpabilidade de segmentos racializados viola a presunção da inocência, mancha a reputação dos indivíduos, cria obstáculos para que a nota de inocência receba a mesma atenção dada à infâmia. Especialmente no campo do direito antidiscriminatório, precisamos considerar sob quais condições ideológicas a notícia é produzida e veiculada, além de quais contornos de classe, território e geração são interditados pelo racismo.

Assentada pelas bases éticas do Feminismo Negro, a autora explicita bem o percurso de criminalização do nosso povo. A decisão de converter um flagrante em prisão preventiva dialoga cabal e permanentemente com a necessidade de dar resposta às mídias.

Ora, uma vez estigmatizada pelo jornalismo, a identidade negra acaba recebendo sentenças antes das ritualísticas processuais. Ademais, em todas as vezes que o direito ao contraditório não aparece nas notícias, o racismo prevalece como fonte oficial.

Carla Akotirene
Militante antirracista e doutora em Estudos de Gênero, Mulheres e Feminismos

PREFÁCIO

Este é um livro para quem admite o desconforto e está em busca de soluções para problemas cujo alcance desafia iniciantes e especialistas. A oportunidade de refletir a respeito da "comunicação antirracista" oferecida pela jornalista e ativista Midiã Noelle, porém, não remete a uma experiência de louvação a si. Nem por isso deve ser encarada como um autoflagelo. Trata-se de um exercício bem mais construtivo.

A leitura de *Comunicação antirracista: um guia para se comunicar com todas as pessoas, em todos os lugares* pressupõe um desejo de participação em esforços de enfrentamento e oposição ao racismo manifesto, perceptível, sofrido, reproduzido, atualizado e naturalizado nas rotinas de produção de informação nos mais diferentes meios de comunicação. Algo que apenas sob manobras de negação poderia ser classificado como sutil, disfarçado, residual ou até mesmo expressão de individualidades desviantes.

Se considerarmos apenas a trajetória da imprensa negra no Brasil, já são mais de 190 anos de iniciativas voltadas à demonstração do quanto o que já foi chamado de "preconceito de cor" tem estado a organizar práticas de sociabilidade neste país. Nada inusitado para uma nação fundada na escravização e em múltiplos esquemas de hierarquização, a exemplo das diferenças estabelecidas entre escravizados, libertos e nascidos livres.

É nesse sentido que as reflexões compartilhadas nas próximas páginas se conectam a episódios que evidenciam a atuação de pessoas que vão além de elaborações abstratas sobre o tema. Dado o impacto da discriminação racial na vida ordinariamente vivida, muitas vezes as iniciativas críticas têm sido estabelecidas no improviso, em meio a tentativas, erros e acertos. Há nisso muito trabalho intelectual engajado, o que supera a falsa dicotomia entre teoria e prática.

Estamos falando de um tipo de engajamento em que a análise de nossos percursos individuais importa e as maneiras como nos conectamos às coletividades também. Como fazer isso? A autora oferece seu próprio caminho como exemplo e demonstra o quanto essa habilidade de "se comunicar com todas as pessoas, em todos os lugares" é uma busca constante, que demanda atenção permanente diante das chances reais de reproduzirmos práticas discriminatórias, a despeito de nossas melhores intenções.

O guia, portanto, não é uma receita pronta e infalível, mas um ponto de referência para pessoas brancas, negras, indígenas, amarelas, de diferentes idades, gêneros, territórios, classes, e que têm em comum o interesse por ser antirracista. Isso permite que o livro possa servir de instrumento para a articulação de práticas comunicacionais despretensiosas, mas suficientemente libertadoras.

Seja como for, isso, novamente, depende muito da atitude de cada pessoa que tiver acesso a este livro e aceitar o convite que ele representa. Aonde sua resposta pessoal a tudo isso vai nos levar? Saberemos no futuro. Por ora, é tempo de entender a proposta, mobilizar afetos e fortalecer compromissos.

Ana Flávia Magalhães Pinto
Historiadora com formação em jornalismo, ativista do Movimento Negro e de Mulheres Negras e professora do Departamento de História e do Programa de Pós-Graduação em Direitos Humanos da Universidade de Brasília (UnB)

"VOU DESAPRENDER A LER
PARA APRENDER A VER
CAMARÁ!"

LANDE ONAWALE[1]

1.
A COMUNICAÇÃO
COMO LEGADO FAMILIAR

Aqui, com esta publicação, perpetuo a materialidade da coragem das pessoas que me antecederam ancestralmente, em especial meu pai, que não está mais entre nós no campo físico. Inicio este livro falando sobre ele: Hidelbrando de Santana, Dedéu, seu apelido, ou *Bambá*,[2] a primeira pessoa que me abriu os olhos para a comunicação. Um homem que nunca foi adepto de religiões de matrizes africanas. Pelo contrário, nos anos finais de sua vida, tornou-se evangélico, assim como a maioria dos meus familiares. Mas, se fosse do asè, certamente teria Ogum como orixá de frente – pelas tecnologias, pela evolução, pelos caminhos abertos. Como eu, sua filha. Ogunhê.[3]

Começo o livro contando sobre meu pai para, quem sabe, criar uma proximidade com quem me lê. Mesmo sabendo que, talvez, por trazer uma referência religiosa afro-brasileira, isso possa justamente resultar em um afastamento. Mas eu sou uma pessoa que tem fé. Se você chegou a estas páginas, não foi por acaso. Eu tenho fé, sobretudo, no poder da comunicação. Laroyê.[4]

Adianto que, nesta obra, o respeito e a valorização da memória são o fio condutor. Trata-se de um livro que se propõe a ser um registro do nosso tempo, inclusive a partir de referências televisivas, sobre um tema tão novo e, paradoxalmente, tão antigo: a comunicação antirracista. Novo pela atual notoriedade do termo, advinda de um trabalho árduo de pesquisadores e comunicadores negros e negras, sejam essas pessoas diplomadas ou não. Antigo por ser um conjunto de práticas de lutas individuais e coletivas de pessoas negras, em oposição à estigmatização das culturas africanas.

Considerando a sua disposição e entrega para a nossa troca, bem como sua intenção de exercer a comunicação antirracista como prática diária, convido você a se debruçar nas próximas páginas de forma empática. Pois a empatia é imprescindível para sentir o livro e entender o conceito. Peço empatia para comigo, sobretudo: uma mulher negra, nordestina, de 37 anos, que compartilha nestas páginas mais do que um guia. Entrego em suas mãos uma missão que se confunde com a história da minha própria vida. Ao longo desta publicação, apresento possibilidades para auxiliar a construção de um método individual, mas considero as minhas trincheiras de luta e os métodos coletivos de enfrentamento ao racismo. O objetivo é que você compreenda como se constitui a comunicação antirracista na vida de uma pessoa.

Volto ao meu pai, pois acredito que este livro começou a ser escrito na minha mente há mais de três décadas, com a ajuda dele. Discorrer sobre comunicação antirracista é versar sobre tempo e legado. Algumas coisas da vida, como lidar com a sensação de perda, só compreendi, de fato, com o tempo. E te pergunto: você já amou tanto alguém que, ao perdê-lo, sentiu-se sem norte? Como se essa pessoa, que antes era a liderança do seu fã-clube, o tivesse deixado sem comando? Ficou com a sensação de fazer uma apresentação e não ter um público presente para aplaudir você?

Bem, sinto isso desde 31 de julho de 2021, data do falecimento do meu pai.[5] Trago a imagem de um público porque, no tocar da vida, abrir-se para ser visto é permitir-se ser celebrado. Gosto de dizer que "viver é um espetáculo", ou uma série longa, muito maior do que *Grey's Anatomy*.[6]

Brincadeiras à parte, sabemos como, para pessoas negras, celebrar nem sempre é permitido, mas fui abençoada com os fãs mais fervorosos de todos: minha família. Minha mãe, Joseide Maria, beirando os 70 anos, segue forte a me aplaudir, mesmo que, às vezes, se sinta melancólica devido à partida do seu melhor amigo por quase quarenta anos.

Assim como ela, tive de me recolocar no mundo após o luto. Falo sobre a morte para reiterar a dignidade que existe em documentar o lado B, o legado, das nossas histórias de vida. Afinal, esse ciclo é bonito, e não apenas carregado de dor. Apesar da frequência com que noticiários compartilham a morte de jovens negros em uma lógica estatística: mais um assassinado e condenado pelo tribunal da imprensa. Apesar da regularidade com que campanhas publicitárias exibem crianças negras em condições de miserabilidade, semimortas, para captar recursos visando a mais um cifrão.

Nós, negros e negras, não somos números.

Assim, acreditando na dignidade que as construções narrativas nos possibilitam enquanto comunidade, conto a história de Hidelbrando como um abre-alas dessa costura de saberes sobre a comunicação antirracista no Brasil. Pois bem. Comecemos!

Painho foi um homem que, por onde passou, foi muito amado. Ele estudou e trabalhou em diversas atividades, das que eu lembro: marinheiro, contador, almoxarife e técnico em telefonia, daqueles que consertam telefone em poste na rua. Mas é como gerente da Trivideo, locadora de fitas no bairro Liberdade, em Salvador, Bahia, que minha memória o reconhece profissionalmente. E, anos depois, como dono de uma loja de videogame na comunidade do Campo do Milho, no bairro IAPI, também na capital baiana.

Minha vida foi dividida entre o centro da cidade e todos os bairros que fazem parte do distrito sanitário da Liberdade.[7] Faço o registro territorial como um reconhecimento de que, na produção intelectual negra, não podemos reafirmar o apagamento geográfico de onde viemos, visto que por vezes isto é epistemologicamente ocultado. O geógrafo baiano Milton Santos já dizia:

> O território é o lugar em que desembocam todas as ações, todas as paixões, todos os poderes, todas as forças, todas as fraquezas, isto é, onde a história do homem plenamente se realiza a partir das manifestações de sua existência.[8]

Milton Santos, para mim, é a síntese da representatividade e da influência. Aliás, ao longo do texto conto sobre o nosso entrelace. É uma história boa. Juvenil, mas boa. Inspirada por ele, enfatizo a importância da bagagem cultural de alguns lugares. Na Liberdade, por exemplo, a cultura foi o caminho de resistência, e a forma como essas localidades eram noticiadas focava, muitas vezes, o viés artístico. Em especial, pela atuação do primeiro bloco afro do Brasil, o Ilê Aiyê, surgido em 1974 na comunidade do Curuzu, em resposta às tentativas de excluir a participação de pessoas negras nos festejos populares de Carnaval. A força dessa movimentação da própria população colaborou para reduzir os danos causados pela estigmatização midiática sobre os territórios negros, possibilitando outros enquadramentos para o local. Por isso, orgulho-me em dizer que sou desse território.

Afinal, como não se tornar uma pessoa que impulsiona o enfrentamento ao racismo por meio da cultura, da educação e da comunicação após escutar "A bola da vez", composta por Joccy Lee e Toinho do Vale, interpretada pelo Ilê Aiyê? A letra da canção nos mobiliza:

> Eu quero saúde e estudar, viver contente
> Me formar, trabalhar, ter mais valor
> [...]
> Ô ô essa reparação já passou da hora
> Não desisto, pois eu sou um negro quilombola
> Eles pensam que pode apagar nossa memória
> Mas a força do Ilê nos conduz nessa trajetória
> Esse país aqui foi feito por nós
> Ninguém vai mudar, nem calar a nossa voz

> [...]
> A bola da vez, sou a voz, sou Ilê
> A bola da vez, sou a voz, sou Ilê
> A bola da vez, sou Ilê, bola da vez.

Entretanto, em locais sem essa dimensão política, a imprensa, sem qualquer constrangimento, construiu a violência como um gancho,[9] como ocorreu na rua Florisvaldo Silva, mais conhecida como comunidade do Campo do Milho.

Lembro como era seguro, até os meus 15 anos, brincar de bicicleta no campo. Porém, com o crescimento das dinâmicas de violência entre agentes de segurança pública e moradores, as brincadeiras tornaram-se menos frequentes, e uma sensação de medo se instalou. Para não ser injusta, em julho de 2024,[10] deparei-me com notícias positivas veiculadas na imprensa sobre o Campo do Milho, com destaque para a reforma de um campo de futebol. Fiquei emocionada. Todavia, com exceção dessa notícia pontual e rara, a grande mídia de Salvador refere-se ao território apenas com manchetes que relatam mortes, tiroteios e tráfico de drogas. Por isso, discorrer sobre minhas vivências no território é posicionar a memória em uma outra dimensão. Se há pessoas, há amor – e a criminalização não pode prevalecer no enunciado.

Era no amor do Campo de Milho que meninos empolgados jogavam no game do meu pai; que eu acompanhava, com encanto, o misterioso poeta Manoel da Paixão (que me lembrava o cantor Zé Ramalho) caminhando com seus cadernos; que eu encontrava meus vizinhos Elton, Júnior e Aline para conversar e brincar de "baleado" (nome irônico e terrível do jogo de queimada em Salvador); ou que eu observava, a distância, os pagodões (ensurdecedores) que aconteciam no campo.

E era ali que meu pai era visto quase como uma liderança comunitária. Era respeitado e conhecido também por ser cinegrafista e fotógrafo. É nesse ponto que chegamos à sua relação com a comunicação e sua influência neste livro. Certamente, se tivesse nascido homem branco, estaria em círculos que o ajudariam a ser notado. Talvez pudesse ter sido um cineasta. Quem sabe? Com seus 1,85 m, cabelo preto cacheado, sorriso largo e voz grave, Hidelbrando era a imagem de uma pessoa sensível e forte. Contudo, carregava no olhar a frustração de alguém que sobreviveu às adversidades sociorraciais.

Eu o admirava especialmente por conta da locadora. Um apreço um pouco interesseiro, confesso. A loja era o meu passaporte para o mundo, e prestigiar as películas era como um compromisso com o trabalho do meu pai. Além disso, fui uma criança criada na frente da televisão. Tudo relacionado a essa tela me hipnotizava, eu tinha até uma agenda com o símbolo da MTV na capa, na qual escrevia o nome de todos os filmes a que assistia.

A MTV, aliás, era um dos meus principais encantamentos. Curiosamente (ou nem tanto assim), no Brasil, não havia VJs[11] negros na grade principal, exceto pelo programa voltado à cultura hip-hop, o *Yo!*, apresentado pelos rappers KL Jay e Thaíde, transmitido à noite. No finalzinho da existência da emissora na TV aberta, a modelo e atual DJ Pathy Dejesus assumiu o comando. Mas, a essa altura, eu havia me desconectado do canal, especialmente por ter desenvolvido uma consciência racial. Percebe como nem só os programas da Xuxa criaram barreiras no imaginário? Entende por que representatividade importa? Representações e presenças são mensagens que recebemos todos os dias e podem impactar diretamente em nossos projetos de vida e em nossa autoestima.

Por isso, retorno à minha família como um bom exemplo de insurgência. Além da locadora, meus pais se aventuravam como cinegrafistas de festas e casamentos. Havia uma ilha de edição no quarto deles, e eu sempre observava as fitas, os filtros, os teclados e os monitores. Isso era muito especial para uma família pobre e negra na década de 1990. Mas, ousadamente, o acesso à tecnologia não era uma questão para o seleto grupo composto por meus pais, audaciosos empreendedores do ramo audiovisual, tio Juca (mais conhecido como Piçú) e tia Joselane (codinome Inha), que eram excelentes fotógrafos, e tio Félix (chamado de Boboca desde garoto), o pioneiro da internet e dos computadores, um dos primeiros revendedores da marca Positivo no Brasil. Meu olhar para a comunicação já se formava ali, pois, ao ver aquelas pessoas, entendia que ser comunicadora era possível. Era natural, porque era familiar.

Infelizmente, o tempo de empreendedorismo no audiovisual dos meus pais foi breve. Com a chegada da internet e do DVD, a locadora começou a declinar, e, poucos anos depois, as fitas de videogames ficaram obsoletas. Os demais desbravadores seguiram carreira nas áreas mencionadas. Tio Juca atua como fotógrafo até hoje. Foi ele, inclusive, que me levou ao Pelourinho, quando eu tinha 18 anos, para fazer os meus primeiros cliques, despertando meu olhar artístico e me ensinando a operar uma câmera fotográfica analógica. E que me apoiou em meu primeiro trabalho para a aula de fotojornalismo. Guardo o filme que fizemos há quase vinte anos.

A comunicação e a educação sempre estiveram presentes na minha vida. Não recebi um nome predestinado à toa: Midiã. Apelidada de midiática, multimídia e, muitas vezes, chamada de "Mídia". Como não me tornaria comunicadora, jornalista e midiativista?

Lembro que, apesar das dificuldades enfrentadas nos empreendimentos do meu pai, o fato de minha mãe ser funcionária pública federal nos permitiu, a mim e à minha irmã, acesso a escolas particulares até a 8ª série (atual 9º ano do ensino fundamental), além de reforço escolar e curso de inglês. Às vezes, reflito sobre o que seria de mim sem o investimento educacional que recebi, especialmente na graduação. Ao ser bolsista em uma faculdade particular, onde estudei comunicação social com ênfase em jornalismo, pude perceber as nuances do racismo e os desafios que enfrentaria na profissão escolhida. Na faculdade, precisei me encaixar em um molde específico e branco para me encaixar entre os colegas e na profissão. Esse processo aconteceu com o alisamento químico do meu cabelo e outras situações simbólicas que me conduziram para a escrita e a redação, pois eu não me via como o "perfil ideal" para as reportagens televisivas.

De 2006, quando comecei o curso, aos 18 anos, até 2024, muita coisa mudou, como poderá perceber em várias das temáticas trazidas neste livro. E essa diferença se aplica tanto a mim quanto a novos estudantes negros nas faculdades de comunicação e a profissionais negros de diversos segmentos da área. Porém, como dizia uma professora da disciplina de assessoria de imprensa: "Tá bom, mas tá faltando".[12]

Apesar dos avanços, é necessário incluir no plano curricular dos cursos de graduação e pós-graduação em comunicação uma disciplina específica sobre comunicação e relações raciais. Uma ação que explicitará a todos os profissionais o quão essencial essa pauta é para o exercício ético da profissão. Trago essa reflexão porque, a partir do meu processo de tomada de consciência racial e interseccional, compreendi a existência dos vieses cristalizados acerca da população negra, que atua como uma mordaça que impede que nosso potencial apareça. Comunicadores e comunicadoras são, em sua essência, pesquisadores e pesquisadoras. Então, como podem os profissionais desse campo de investigação estudarem apenas um continente? Como podem não reconhecer a importância do continente africano como berço do mundo? Afinal, a humanidade surgiu em África, assim como os processos civilizatórios.

Por fim, após essa introdução, que também tem um tom de desabafo, confesso que reunir as experiências que me moldaram como comunicadora antirracista, considerando meus quase vinte anos de profissão como jornalista, é um presente. É uma devolutiva dos investimentos feitos em mim ao longo da vida, iniciada pelo sagrado e seguida de todos os que me antecederam, dos que me constituíram – meus pais, o movimento negro, o movimento feminista negro e as mulheres negras, aquilombadas, ativistas ou não. Todas essas vertentes me ajudaram, cuidaram e orientaram em todos os espaços que desbravei e ocupei.

Neste livro, você perceberá, farei muitas menções ao campo do jornalismo e da imprensa negra, assim como ao campo da linguística. A produção desta obra evidencia, nitidamente, a importância da comunicação antirracista, tendo o jornalismo como norte.

É árduo internalizar práticas sem compreender historicamente seus impactos na construção de imaginários, assim como na garantia (ou não) de direitos para pessoas negras. Isso se deve a dois motivos: pelo fato de eu ser jornalista e ter contato cotidiano com as pessoas que produzem as mídias negras; e porque, para mim, além de comunicação ser educação, também é linguagem. Por isso, é na defesa do jornalismo ético, responsável, consciente e baseado em dados e fatos comprovados que compilo o material aqui reunido.

Encerro para recomeçar, enfatizando que registrar uma história negra é reconhecer um compromisso com nossa memória e com as pessoas que, nas rotas do Atlântico Negro, sobreviveram ao escárnio, ao sequestro, às dores, à luta pela vida. Este livro não é apenas um norte que visa aprimorar as práticas comportamentais de pessoas negras e não negras[13] para uma comunicação antirracista. É a concretização de uma missão destinada a mim antes mesmo do meu nascimento. Ubuntu.[14]

> "SURGE NEC MERGITUR":
> APAREÇA E NÃO SE ESCONDA.[15]

2. COMUNICAÇÃO ANTIRRACISTA: UMA REALIDADE INCONTORNÁVEL

2.1. COMUNICAÇÃO ENTRE BARREIRAS E SILENCIAMENTOS

Antes de conceituarmos a comunicação antirracista, é fundamental explicar o que é comunicação e destacar os desafios que enfrentamos atualmente para a produção de sentido, especialmente em um país como o Brasil. Bem, comunicação é, basicamente, tudo. Em muitas dimensões. Você não se comunica de uma única forma. O entendimento de uma mensagem depende não apenas de métodos e meios de distribuição, alcance e interpretação, mas também de signos, linguagens e mecanismos externos, além dos marcadores sociais e sua influência na codificação e decodificação da informação, em um processo de vai e vem.

Apesar de formada em comunicação, reconheço que existem mais tipos de comunicação categorizados do que sei reconhecer. Na tentativa de conceituar a partir de uma perspectiva racial, terei como base os meus estudos anteriores a respeito do que entendo sobre comunicação, considerando quatro tipos principais: a comunicação verbal, a não verbal, a escrita e a visual.[16] Essas formas se manifestam por meio de diferentes expressões, considerando as especificidades de pessoas com e sem deficiências. Elementos como tom de voz, vocabulário, gestos corporais e signos externos, como vestuário, desempenham um papel crucial na comunicação. É por isso que em um país como o Brasil, devido à vasta extensão territorial e à diversidade cultural e étnico-racial, é comum que ruídos, ou choques, surjam nos processos de interação entre diferentes grupos sociais.

Grande parte da população mundial vive em uma interação quase simbiótica com equipamentos, ferramentas e dimensões tecnológicas. Nessas condições, comunicar-se sem uma série de atravessamentos torna-se cada vez mais difícil, quase como se existisse uma barreira entre cada um de nós. As enxurradas informacionais das plataformas digitais, as diferenças culturais e a urgência por respostas nos levam a flertar cotidianamente com a dispersão. É preciso estar disponível a todo momento, o que resulta em batalhas emocionais e físicas autoflagelantes para aproveitar o tempo disponível. Como consequência disso, nossa compreensão e absorção de informações tornam-se mais lentas, exigindo maior concentração em três aspectos principais: emissão, recepção e fruição, cujos significados estão de acordo com os próprios sentidos das palavras. *Emissão* seriam os atos de compartilhar, difundir, circular, que podem se dar a partir de sinais, palavras, sentidos, expressões. *Recepção* pode se referir à maneira como a chegada daquele conteúdo nos impacta a princípio. E *fruição*, à ação de processar e gerar significado e assimilação. Vale ressaltar que esse processo de troca também não ocorre de forma tão cristalizada, podendo ir e vir, e criar, bem como desconstruir, percepções e entendimentos diferentes. Aqui, inspirada no que Stuart Hall dizia sobre codificação/decodificação,[17] ressalto ainda a importância de prestarmos atenção nas conotações dos discursos narrativos e em seus impactos diretos na produção e compreensão dos aspectos citados. Para tudo isso, o tempo se apresenta como aliado, e compreender sua importância nesse processo é fundamental. O tempo, quando sentido, tira o desespero imediato e nos convida à reflexão e à autocrítica.

Engana-se quem pensa que esse processo de compreensão é simples, pior ainda quem reflete sobre comunicação sem considerar o tempo. É por isso que destaco a escuta como elemento essencial da comunicação. Em sua obra *Meu tempo é agora*, Mãe Stella de Oxóssi, falecida em 2018, nos conta sobre o histórico do seu terreiro, o Ilê Axé Opô Afonjá, e sobre as regras religiosas da casa.

O registro literário generosamente escrito pela mãe de santo respeitou os princípios da oralidade no asè, que se assemelham à tradição oral de *griots*,[18] sem desconsiderar que alguns desses saberes poderiam e deveriam ser transcritos, uma vez que "a linguagem escrita é um instrumento colaborador de transmissão de conhecimento".[19]

O que quero dizer com tudo isso? Que, devido a vivências e urgências distintas, as pessoas nunca conseguirão dialogar? Não, pelo contrário. As diferenças possibilitam correlações desafiadoras e potentes. Assim, o primeiro passo para estabelecer diálogos e conexões fluidas, especialmente quando as percepções de mundo são muito distintas, é a **coragem de se abrir aos encontros**. Por isso, me encanta a palavra "deslocar", que implica tirar do lugar, desorganizar e, posteriormente, reorganizar, em um movimento contínuo – assim como versa a canção "Da lama ao caos", do grupo pernambucano Nação Zumbi. Esse deslocamento permite, não apenas a mim, mas a todas as pessoas, adquirir conhecimentos que, segundos antes, não eram conscientes.

Obviamente, isso pode provocar choque em decorrência das muitas barreiras existentes, quase como uma espécie de raio X de percepção, em que uma pessoa é recorrentemente avaliada. Assim, abrir-se para ouvir novas realidades é deslocar barreiras e entender que o novo vem para somar.

2.2. COMUNICAÇÃO ANTIRRACISTA: NEM TÃO NOVO, NEM TÃO ÓBVIO

Você já refletiu sobre como se constroem os sentidos das palavras? E quanto às imagens, o que dita a forma como olhamos para determinada coisa? Já pensou sobre como alguns gestos, falas e visuais impactam o fortalecimento de alguns preconceitos, muitas vezes sem que percebamos?

Começo esta seção com essas perguntas para refletirmos acerca de como a comunicação antirracista é, por assim dizer, um conceito que contempla diversas áreas da comunicação, visando fortalecer o reconhecimento de nossa humanidade. No enfrentamento ao racismo, baseia-se no respeito à historiografia africana e afrodiaspórica e utiliza elementos dos campos da estética, semiótica e outras linguagens e modos de produção de sentidos, para a construção, desconstrução e/ou reconstrução das percepções sobre pessoas negras. Além disso, considera as intersecções raciais a partir de marcadores sociais, como gênero, geração, deficiências, entre outros.

Isso se dá **evitando expressões e termos considerados racistas**, como: "feito nas coxas", "serviço de preto", "mulato", "lista negra", entre outros. Ou se posicionando contra quem fala esse tipo de coisa e ainda atribui o desconforto das pessoas a incômodos derivados de "mimimi" e "lacração". Essas duas expressões, aliás, me remetem a desinformação e discurso de ódio contra pessoas negras, LGBTQIAPN+ e outras que fogem do padrão cis-heteronormativo branco patriarcal. É por isso que adotar uma comunicação que além de antirracista também contemple as noções da interseccionalidade é fundamental.

Autores como Gabriel Nascimento, no livro *Racismo linguístico*, e Marcos Bagno, em *Preconceito linguístico*, nos afastam da ilusão da comunicação das obviedades. Quando mergulhados em achismos e vaidades, pressupomos a simplicidade inerente aos sentidos, sem vieses. Mas, se observarmos bem, termos como "denegrir", que significa tornar algo negro, ou "inveja branca", com a ideia de que quanto mais clara, mais leve, carregam um viés muito negativo para as pessoas negras e não são necessárias pesquisas profundas para justificar o questionamento de seu uso.

Retornando aos significados das palavras, a psicanalista Neusa Santos, no livro *Tornar-se negro*, apresenta o processo doloroso de assumir e reconhecer-se como uma pessoa negra, de entender-se para além de todas as cargas simbólicas, positivas ou não, desse reconhecimento. Embora a leitura seja impactante, ela nos convida ao desafio de dar sentido à humanidade que tentaram nos tirar. Seguindo com a pílula vermelha de *Matrix*[20] (sempre utilizo essa associação cinematográfica), o sentimento de inveja, por si só, não é algo péssimo? Por que, então, sendo branca, seria mais leve? É importante sempre refletirmos sobre o que reforçamos sem nos dar conta.

Nesse sentido, resgato a importância do pesquisador Abdias Nascimento, com suas reflexões sobre a perpetuação do racismo no campo da linguagem. Não tenho como explicar comunicação antirracista sem mencionar as contribuições desse intelectual. No Brasil, ele foi um dos ecos do pan--africanismo, traduzindo para o português o que as pesquisas de pessoas caribenhas e africanas[21] diziam sobre a linguagem ser um dos principais caminhos para o controle. O pan-africanismo surgiu em resposta aos efeitos do colonialismo nos países de África e da diáspora, buscando a união entre esses povos que sofreram e ainda sofrem as mazelas da opressão racial pelo mundo. No contexto brasileiro, Nascimento denunciou conceitos que tentam fortalecer o mito da democracia racial no país, como a ideia de "meta-raça", proposta por Gilberto Freyre, que nega a existência do racismo ao tentar criar uma unidade racial.

Além disso, em suas obras *O quilombismo* e *O genocídio do negro brasileiro*, Abdias Nascimento analisou a *imposição* de línguas europeias aos povos africanos e afrodiaspóricos e como isso se tornou prática para **silenciar, separar, controlar e adoecer** essas pessoas, prejudicando a percepção e, consequentemente, a concepção de coletividade. O que originava uma barreira de comunicação, implicando diretamente as interações sociais entre esses grupos e impossibilitando a elaboração de levantes e revoluções. Felizmente, sabemos que, mesmo com esses impedimentos, a população negra escravizada, liberta e nascida livre encontrava formas de se reorganizar e, ainda assim, produzir estratégias de comunicação para mobilizações sociais.

Como exemplo, debruço-me em escurecer[22] os contextos históricos da Conjuração Baiana (1798), também conhecida como Revolta dos

Alfaiates ou Revolta dos Búzios. Naqueles tempos de Brasil Colônia, a impressão de jornais e outros documentos informativos ou oficiais ainda não era uma realidade tão comum. A *Gazeta do Rio de Janeiro*, primeiro jornal editado e impresso no Brasil, foi surgir apenas em 1808, anos depois da Revolta. Segundo Florisvaldo Mattos,[23] jornalista, pesquisador baiano e um dos pioneiros em revelar detalhes sobre como se dá o processo revolucionário, a comunicação na Conjuração Baiana se manifestou das seguintes formas: por meio de conversas; pela circulação de manifestos e boletins insurgentes que pediam liberdade e igualdade; e por símbolos identitários, como o uso de um búzio amarrado ao punho como símbolo coletivo de rebeldia. Assim, a comunicação circulava entre poucas pessoas, aqueles que sabiam identificar os sinais, mas foi o suficiente para causar repercussão.

Observar as pesquisas de autores como Nascimento, Santos ou Bagno nos possibilita repensar nossos modos de ser, estar e viver. Portanto, minha sugestão é: entregue-se à leitura sem medo. Aprenda com ela. Como diria a jornalista Maíra Azevedo,[24] a Tia Má: "Tira o sapatinho e bota o pé no chão".

2.3. "TODAS AS PESSOAS TÊM LUGAR DE FALA"

Visualize a seguinte cena: um homem negro, alto, de voz grave, que se comunica gesticulando e com assertividade. Considerando a herança colonial do Brasil, que envolve a subalternização e o silenciamento de pessoas negras, não é difícil imaginar que, ao se posicionar sobre qualquer tema, ele pode ser lido como uma pessoa agressiva, não é?

Ainda assim, não são raras as ocasiões em que, mesmo com o tom de voz ameno e cordial, o simples ato de se posicionar se torna condenatório. A psicóloga e militante Cida Bento, referência nos estudos sobre branquitude, provoca uma reflexão sobre o conforto que pessoas brancas sentem diante do "território do silêncio, da negação, da interdição, da neutralidade, do medo e do privilégio".[25] Engana-se quem pensa que não falar sobre as questões delicadas da sociedade, em especial as raciais, é o melhor caminho. De pronto, Cida Bento nos alerta: "o silêncio não é neutro, nem transparente. Ele é tão significante quanto as palavras".

O silêncio grita.

É com esse ponto que trago a intelectual e filósofa Djamila Ribeiro, que se destacou nacional e internacionalmente ao teorizar sobre o conceito de "lugar de fala".[26] Para abordar o tema, a pesquisadora percorreu várias perspectivas teóricas e metodológicas, incluindo a comunicação.[27] A relação entre silenciamento e lugar de fala é fundamental para refletirmos a respeito de capitais simbólicos e aspectos mercadológicos no próprio jornalismo. Entretanto, gostaria de utilizar o conceito amplamente disseminado por Djamila para demonstrar a **importância de assimilar um significado antes de reproduzi-lo**.

Decidi incluir essa reivindicação para dar lugar a uma aplicação mais fiel ao conceito, não apenas pelo cansaço da repetição, mas também porque tenho um carinho especial por Djamila Ribeiro. Nós nos conhecemos em 24 de outubro de 2017, durante a abertura do projeto Opará Saberes,[28] em Salvador. Em 2019, num mundo ainda não impactado pela pandemia, realizei uma série de entrevistas no meu perfil do Instagram, e uma dessas conversas foi com a pesquisadora.

O programa, chamado *Café com Mídia*, acontecia semanal ou quinzenalmente, dependendo da disponibilidade das pessoas convidadas. Djamila foi a segunda entrevistada, em 6 de novembro de 2019. Cerca de um ano depois, em 4 de setembro de 2020, já em tempos pandêmicos, a entrevistei novamente, na estreia do programa *Conexões Negras*, que criei para o *Jornal Correio* como complemento à coluna sobre relações raciais que eu escrevia para o periódico. Durante essa entrevista, uma das frases de Djamila me impactou profundamente e gerou uma autoconfiança crucial para redigir esta obra. Ela disse algo como: "Não tenha medo do seu lugar de direito". Ao longo dos anos, encarei essa frase como um mantra. Nos momentos mais complexos sempre me lembrava dela. Passados mais alguns anos, dado o impacto da narrativa da feminista negra em busca do Bem Viver,[29] registro elas aqui. É sobre representatividade? Sim, mas não apenas isso. Trata-se do poder que as palavras têm.

Não foram poucas as vezes que escutei as pessoas utilizando a expressão "lugar de fala" de forma descontextualizada em relação ao conceito. Certamente, você também já presenciou alguém dizer: "Eu não tenho lugar de fala no assunto!", especialmente quando se trata de raça, gênero ou orientação sexual. E essa é uma interpretação *bastante* equivocada do conceito. Na verdade, ao falar de lugar de fala espera-se que, **a partir de sua perspectiva, experiência e observação da realidade, cada**

pessoa possa contribuir com considerações sobre um tema, causa ou situação.

Retomemos o homem hipotético que citei: imaginemos que ele está em uma roda de conversa e afirma não poder opinar sobre violência contra mulheres. Isso não soa como uma **desculpa para deixar de se envolver e de teorizar** a discussão? Ou seja, mesmo com os próprios atravessamentos, ao ficar em silêncio, esse homem está optando conscientemente por não refletir sobre um tema importante, desconsiderando sua condição psíquica humana de raciocinar e discorrer sobre qualquer assunto a partir de seu próprio ponto de vista. Esse é um comportamento comum quando o tema envolve questões raciais, de gênero ou deficiência, além de uma questão que se torna ainda mais delicada, sobretudo diante da dificuldade de pessoas brancas em fazer autocrítica. Mas quem não reflete sobre determinado assunto, na verdade, evita trazer o incômodo com um tópico, seja por não conseguir lidar com as feridas expostas pelo interlocutor, por falta de interesse em aprofundar a questão, seja pelo medo de ser julgado por suas colocações.

O ideal é ir com calma. Ninguém nasce sabendo e faz parte da comunicação antirracista a troca, assim como entender que, a partir do seu lugar de fala, você pode teorizar, com respeito à produção intelectual negra, sobre questões raciais. Mas é sempre bom lembrar que tudo o que comunicamos, seja através de fala, gestos ou escrita, reverbera na vida dos outros ao longo do tempo. Então isso não lhe dá abertura para desestimular intelectualmente outras pessoas. Entendeu o recado? Ocupe também o seu lugar de uma pessoa comunicadora antirracista.

"MAS EXISTE UM OUTRO FILTRO QUE APAGA ESSAS EXISTÊNCIAS NEGRAS, QUE É ESSA PRESSUPOSIÇÃO DE QUE INDIVÍDUOS QUE TIVERAM MUITO DESTAQUE NAQUELA SOCIEDADE, NAQUELE MUNDO DAS LETRAS, NAQUELE MUNDO DA POLÍTICA, ELES SÃO PREVIAMENTE ENTENDIDOS COMO SE NEGROS NÃO FOSSEM, SE NÃO FOSSEM HOMENS NEGROS."

ANA FLÁVIA MAGALHÃES PINTO[30]

3. PERCURSOS DA POPULAÇÃO NEGRA NA COMUNICAÇÃO

3.1. PERSPECTIVA HISTÓRICA: HERANÇA ANCESTRAL

Não é novidade que a violência sofrida por pessoas negras no passado reverbera até hoje em nossa vida. E, apesar de, frequentemente, haver um equívoco no entendimento de que trajetórias negras só podem ser interpretadas sob uma perspectiva estigmatizante, na qual as narrativas partem unicamente do racismo para todo e qualquer discurso, é importante lembrarmos que a ideia de narrativa única é um erro. Como bem canta Majur na canção "AmarElo", de Emicida: "Achar que essas mazelas me definem é o pior dos crimes. É dar troféu ao nosso algoz e fazer nós sumir".

Por esse motivo é possível afirmar que a comunicação antirracista não é rígida nem linear, mas sim algo que dança com o tempo. Seja nos movimentos abolicionistas de antigamente, seja nos movimentos unificados de hoje, apenas ao compreendermos o passado é que poderemos introjetar gestos de cuidado, respeito e acolhimento às pessoas negras. Assim, trazer uma perspectiva histórica, ainda que breve, é valioso para o processo de desconstrução de preconceitos, que, de verdade, não são nossos de origem, mas herdados das subjetividades impostas em nossas famílias, rotinas, convivências, grupos de amigos e outros círculos sociais. Para estabelecer uma comunicação antirracista, é preciso, antes de tudo, estar aberto para **a possibilidade de ser uma pessoa empática**.

Assim, como um primeiro exercício, te convido a refletir sobre algumas questões: quem seria você no passado escravocrata do Brasil? Quais seriam seus gestos, suas expressões e atitudes na luta abolicionista? Trazendo para os dias de hoje, em que a abolição "inconclusa", como reforçado pelo movimento negro,[31] não possibilitou reparação para essas pessoas – bem como para os seus filhos, netos, bisnetos, tataranetos –, o que você faz no seu cotidiano contra a atualização das violências raciais? Quando pessoas negras são assassinadas, isso te afeta? Como afeta? Te revolta? Como você responde a essa afetação? O que você faz com ela?

Trago essas reflexões para entendermos que nada é individualizado. E a comunicação dos jornais e das propagandas dos periódicos antigos evidenciam esse cenário. Anunciava-se de tudo, desde recompensas para encontrar "escravos fugidos", até vendas e aluguéis de pessoas negras.[32] Não era difícil encontrar dizeres como: "Vende-se uma preta muito moça com cria; sabendo lavar perfeitamente". O motivo da venda? A mulher não valia mais àquelas pessoas. Seu corpo negro era tido como mercadoria, como objeto, algo coletivo o suficiente para ser anunciado.

Por isso, a comunicação escrita, com suas diversas formas de linguagem, foi (e ainda é) um instrumento utilizado para a perpetuação do racismo. Embora tenha sido por meio de periódicos e outros documentos que registramos e arquivamos todo o tipo de notícia, história e narrativa, desde o período colonial brasileiro até além do pós-abolição, sabemos que as contradições em sua função são muitas. Pois essa forma de comunicação "silenciosa" foi, ao mesmo tempo, fundamental para insurgências abolicionistas lideradas por figuras como José do Patrocínio, Luiz Gama e Machado de Assis, que articularam uma contranarrativa à escravatura.

Nunca saberemos, mas talvez esses impressos pudessem ter sido fontes históricas para os processos de indenização de pessoas negras. Talvez, se mantivéssemos esses documentos, as pessoas negras não fossem quase sempre retratadas de forma subalternizada, animalizada, inferiorizada, associadas à pobreza ou à fome. Talvez a autoestima e a confiança dessas pessoas não fossem diaceradas com tanta constância.

No que tange à lógica de liberdade, podemos ampliar essa reflexão de forma bem simples, com um exercício de empatia. Se ligue. Alguma vez você já esqueceu seus documentos em casa e, por falta de tempo, nem se preocupou em voltar para pegá-los? Se sim, suponho que você não seja uma pessoa negra. Mulher negra? Talvez. Mas, com toda certeza, você não é um homem negro, para quem sair na rua sem documento de identificação é algo improvável. E nem adianta confiar apenas no documento digital – o celular pode descarregar. Afinal, são muitos os perigos que um homem negro pode encontrar ao sair de casa, de uma revista aleatória e nada tranquila ao impedimento de receber atendimento adequado em lojas ou hospitais, por exemplo.

Podemos fazer um paralelo dessa preocupação com a realidade de pessoas negras escravizadas que não podiam sair às ruas sem documentos que comprovassem serem posse de alguém. O mesmo ocorria com quem já havia conquistado a liberdade. Se saíssem sem a carta de alforria,[33] corriam o risco de serem novamente sequestrados e escravizados ou de terem a liberdade revogada pelos ex-senhores. Nascidos livres e, portanto, sem carta de alforria, precisavam muitas vezes dar garantias de sua liberdade. Hoje, as políticas de encarceramento e controle foram atualizadas, refletindo-se na superlotação dos presídios, nas abordagens policiais abusivas e no medo arraigado em nossas mentes.

Uso as palavras da socióloga Marilena Chaui para sintetizar essa realidade: "É uma sociedade em que as diferenças e as assimetrias sociais e pessoais são imediatamente transformadas em desigualdades, e estas, em relação de hierarquia, mando e obediência".[34]

Sabemos que é desse modo que pessoas negras vêm sendo destituídas de humanidade há pouco mais de um século; e é difícil pensar que são poucos aqueles que se movem para fazer algo. É por isso que é tão importante o destaque da professora Bárbara Carine, em sua obra *Como ser um educador antirracista*, a respeito da educação como "o ato de socializar com as novas gerações os conhecimentos historicamente produzidos".[35] Ou seja, a educação atua no campo da construção historiográfica e do imaginário. Importante para entendermos, dos pontos de vista cronológico e científico, que a história do continente africano precede a dos demais.

No artigo "*Griots* do nosso tempo: comunicadoras negras contra o cis-heteropatriarcado no Brasil", que elaborei a pedido da ONG Criola, enfatizei o

> [...] compromisso coletivo da população negra em contar sobre seus ancestrais e temas relacionados, a partir de suas próprias referências, e como isso tem colaborado significativamente para uma mudança, em nível global, da ocupação de lugares antes inimagináveis para pessoas negras [...].[36]

A densidade de construir narrativas negras que, muitas vezes, falam a respeito de nossas realidades, vivências e territórios esbarra na questão narrativa perigosa e esvaziadora que é a história única. Mas, ao **descolonizar olhares para construir processos de semelhança e de reconhecimento da pessoa negra como humana**, exercitamos a empatia e criamos a possibilidade de enfrentarmos juntos os problemas causados pelo racismo. Ou seja, falar sobre racismo é importante para enfrentar esse crime e evidenciar seu impacto devastador para a população negra.

Porém, não pode ser a única construção de sentido dessas histórias de vida.

3.2. IMPRENSA NEGRA PARA UMA CONTRANARRATIVA AO RACISMO

Pensar a comunicação antirracista hoje no Brasil implica mencionar a ex-diretora do Arquivo Nacional, Ana Flávia Magalhães Pinto. Essa jornalista, historiadora e ativista é uma referência por desafiar as narrativas "tradicionais" que reduzem as experiências da população negra a um passado de escravidão e ignorância. Para ela, que estuda o Brasil do século 19, a pesquisa é fundamental para compreender a imprensa negra brasileira, desde os primeiros jornais daquele período, e como esses veículos foram essenciais para expor as atrocidades do racismo durante o processo de escravização e no pós-abolição.

Em um paralelo com os tempos atuais, 136 anos após a abolição da escravidão, que durou quase quatrocentos anos, a jornalista nos mostra que os objetivos dos midiativistas do passado não são tão diferentes dos buscados nos dias de hoje: a importância de reconhecer as vozes e a construção de narrativas próprias.

A luta de autores como Luiz Gama, apresentado por Magalhães como uma figura carismática, assemelha-se à de jornalistas comprometidos com a comunicação antirracista atualmente, como a jornalista Cecília Oliveira, que denuncia, por meio do jornalismo investigativo e de dados, casos de violência racial ligados à segurança pública.[37] Esses jornalistas não apenas produzem conteúdo, mas também lutam pela liberdade e atuam como abolicionistas modernos na linha de frente contra o racismo institucional, ainda persistente nas estruturas de justiça e segurança do país. Além disso, promovem a formação de uma identidade e consciência coletiva afrocentrada.

Apropriar-se da abordagem antirracista é essencial para utilizar a comunicação no estabelecimento de memórias afetivas e de humanidade. A história da população afro-brasileira foi, por muito tempo, distorcida pela mídia convencional. Assim como na atualidade, a imprensa negra no século 19 atuou como um meio de denúncia e resistência. Ao falarmos de imprensa negra, nós não apenas respeitamos e valorizamos aquelas pessoas que ocuparam os jornais progressistas e conservadores e que, de dentro dessas publicações, lutaram por liberdade e cidadania, sensibilizando o imaginário institucional, como também nos referimos aos periódicos criados e dirigidos exclusivamente por pessoas negras.

Um exemplo dessas publicações é o pioneiro *Homem de Côr*, no Rio de Janeiro, de público prioritário negro, que tratava de assuntos do interesse dessa parte da população. Já que a simples presença de uma pessoa negra em um veículo não o fazia, no passado, nem o faz, no presente, imprensa negra.

Criado por Francisco de Paula Brito, o *Homem de Côr* foi o primeiro jornal brasileiro a lutar contra a discriminação racial, circulando entre 14 de setembro e 4 de novembro de 1833, com apenas cinco edições. Lançado cinquenta e cinco anos antes da abolição da escravatura, o periódico destacou-se como um veículo crítico e reflexivo, abordando, para além da luta abolicionista, os direitos de pessoas negras livres e a crítica às prisões arbitrárias relacionadas a elas.[38] Esse jornal inaugurou um movimento importante na imprensa negra, inspirando outras iniciativas. Contudo, será que essas tensões sociais da época desapareceram ao longo do tempo quando nos referimos a pessoas negras?

O contexto histórico, ainda recente, da escravização reforça que, mesmo com certa atualização, **as violências do passado permanecem as mesmas**:

1. pessoas negras ainda sofrem exposição midiática vexatória em programas sensacionalistas;
2. corpos de pessoas negras são vistos de maneira sexualizada;
3. ainda há falta de representação de amor afrocentrado nos programas televisivos e demais produções audiovisuais;
4. a falta de sensibilização frente às mortes e violências que atingem a população negra.

Historicamente, a cultura da espetacularização de atos violentos é utilizada como uma forma de punir sujeitos considerados inferiores ou que desrespeitarem os valores e leis de uma sociedade. A herança da banalização da violência, imposta pelas classes dominantes, continua sendo reproduzida pela mídia e consumida em massa tanto por aqueles que sofrem a violência quanto por quem as comete. Isso funciona quase como elemento estruturante de controle, que usa a figura do policial como instrumento de opressão.

Por isso, é importante contextualizar o surgimento da imprensa negra no Brasil Império, a fim de evidenciar a crueldade de atos sistemáticos de discriminação e promover, por meio do próprio jornalismo, uma comunicação antirracista, fundamentada nas experiências dos ativistas daquele tempo. Quem sabe assim consigamos pensar em mudar a falta de sensibilização nacional a crimes cometidos contra jovens negros, quem sabe assim não haja mais esse processo de naturalização, ou normalização, de mais um corpo negro caído no chão.[39]

3.3. DESLEGITIMAÇÃO: O DIREITO USURPADO DE SER NEGRO

Alicerçada nas contribuições de Ana Flávia Magalhães e em sua existência inspiradora, avalio que é importante destacar que a população negra frequentemente é privada de sua identidade racial quando realiza ações consideradas notáveis. Um exemplo é Machado de Assis, que passou por um longo processo de embranquecimento, até meados dos anos 2010, algo que distorceu sua herança racial para encaixá-lo em um cânone literário branco.

Em 2011, a Caixa Econômica Federal chegou a veicular uma campanha publicitária retratando o escritor como uma pessoa branca, mas após mobilizações contrárias o comercial foi refeito. Esse episódio evidencia o esforço racista de deslegitimação da identidade negra.

Esse diálogo é fundamental para compreendermos a profundidade dos desafios históricos enfrentados por pessoas negras e como eles se conectam com as questões atuais e futuras. É o que a filosofia africana Sankofa ensina: precisamos olhar para o passado para entender o presente e planejar o futuro. Nesse sentido, trago para análise o caso emblemático de José Ferreira de Menezes, citado por Magalhães, um comunicador abolicionista, filho de uma pessoa negra liberta, que, apesar das dificuldades, conseguiu se formar na Faculdade de Direito do Largo de São Francisco, em São Paulo. E junto dos amigos Luiz Gama e José do Patrocínio fundou o periódico *Gazeta da Tarde*, que, segundo Magalhães, "[...] era um jornal abolicionista, um dos mais importantes da história do Brasil. Fundado em 1880, tinha como objetivo combater não apenas a escravidão, mas também problematizar as práticas de racialização, preconceito de cor e ódio de raça".[40]

Em sua análise sobre o jornal e a trajetória de Ferreira de Menezes, a pesquisadora ressalta que o enfrentamento ao regime da escravização não era visto apenas como uma ação de pessoas livres em benefício exclusivo dos escravizados, mas como "um artifício para lutar pela própria liberdade e defender a cidadania".[41] Esses sujeitos tinham todos os requisitos para participar da vida social, mas eram, no entanto, interditados.

Uma questão que precisamos levantar: falamos muito sobre Luiz Gama, Machado de Assis, José do Patrocínio, mas onde estão as mulheres negras na história da imprensa negra do Brasil? Bem, o machismo e o sexismo contribuíram para o apagamento das comunicadoras negras antirracistas. Ana Flávia Magalhães, em entrevista (2020),[42] mencionou a dificuldade de acesso aos registros dessas mulheres, além da necessidade de uma abordagem metodológica ética, que respeitasse as histórias delas, para identificar suas narrativas na imprensa em geral. Os registros tendiam a priorizar figuras masculinas, resultando na sub-representação das mulheres, sobretudo as negras. No entanto, Ana Flávia encontrou documentos que as mencionam e afirmou: "É importante perceber que essas mulheres não apenas existiram, mas que elas foram ativas na luta pela liberdade e na construção de suas narrativas. Elas utilizaram a imprensa como um espaço de ativismo e resistência".[43]

A jornalista e historiadora ressalta que, apesar de muitas vezes não serem reconhecidas, as mulheres foram atuantes. Um exemplo notável é Maria Firmina dos Reis, uma das primeiras autoras negras a publicar seus textos na imprensa.[44]

O diálogo com Ana Flávia me trouxe uma sensação de alívio e de alegria. A possibilidade de trabalhar com uma historiografia e uma comunicação não limitadas, que não coloquem pessoas negras apenas no lugar de pessoas com pouco acesso a espaços de reconhecimento, é libertadora. As narrativas reducionistas, que reforçam a lógica da fraqueza, ignoram que a população negra da época eram fortes em vários aspectos, especialmente no campo intelectual. Para finalizar, destaco as palavras da pesquisadora, que evidenciam que o racismo afetava todas as pessoas negras, escravizadas ou não: "Eu só queria mostrar que existiam homens negros livres, letrados, com perfis diferentes [...] Eram pessoas atuantes num país de analfabetos, de maioria analfabeta".[45]

3.4. O PODER DAS PALAVRAS E IMAGENS HOJE: ALÉM DO QUE SE VÊ?

Reforçar a nossa humanidade é um exercício cotidiano. Para isso, é fundamental compreender que não existe algo totalmente bom ou totalmente ruim. Ao afirmar isso, quero dizer que não apenas as pessoas são carregadas de contradições, mas que é preciso lembrar que a comunicação antirracista está vinculada ao abolicionismo penal, ao antipunitivismo.[46] As pessoas pagam pelo que devem à justiça, mas não precisam ser condenadas eternamente. A lógica do purgatório pertence à tradição católica, e, apesar do sincretismo com outras religiões, sobretudo na Bahia, meu limite se encerra aí.

Para exemplificar, trago a situação entre o ex-ministro dos Direitos Humanos e da Cidadania, Silvio Almeida, e a ministra da Igualdade Racial, Anielle Franco. É importante reconhecer que situações como as vivenciadas pelo ex-ministro, recentemente afastado do cargo sob uma acusação de assédio sexual, não apagam toda a sua contribuição acadêmica, visto que o conceito de racismo estrutural ainda é algo importante de ser estudado e discutido.

Além disso, o caso foi simbolicamente violento para muitas pessoas negras de todo o país, tendo afetado diretamente os estereótipos que enfrentamos, como a suposição de disputa política entre pessoas negras ou a ideia de que "escravos tinham escravos", em uma tentativa de deslegitimar e destituir nossa luta coletiva ancestral. Ainda, houve uma desconstrução da integridade atribuída à imagem do único ministro negro na gestão Lula (2023-2026).

Em relação à Anielle Franco, mais uma vez, a mídia convencional criou um espetáculo em torno do seu nome, pois, além de lidar com uma avalanche de desconfianças, discursos racistas, machistas e sexistas, a ministra, que também é jornalista e educadora, foi exposta em uma situação em que deve ser protegida, conforme o Capítulo II, artigo VI, do Código de Ética dos Jornalistas, que estabelece o dever de não "colocar em risco a integridade das fontes e dos profissionais com quem se trabalha".[47]

Usei esse acontecimento para iniciar um diálogo a respeito de como a mídia reforça o racismo e para discutirmos estratégias de enfrentamento nesse cenário. Lembro-me de que, durante meu trabalho no programa *Corra pro Abraço*,[48] cheguei acreditando que sabia muito sobre racismo. Ledo engano. Foi trabalhando com pessoas em situação de rua e usuários de substâncias psicoativas que percebi como a questão é mais complexa quando falamos de pessoas à margem. Eu diria que as pessoas negras em situação de rua estão à margem da margem, quase como Grada Kilomba diz, em referência ao pensamento de Simone de Beauvoir, de que a mulher negra é o outro do outro.[49]

Nesse sentido, proponho aqui quatro margens: a do respeito, a da sensibilização, a dos direitos e a da humanidade. Esses pontos se entrelaçam. Do ponto de vista da comunicação, por muito tempo essas pessoas não foram vistas como o que realmente são: pessoas. Termos como "mendigo" e "pedinte" reforçam estigmas e alimentam o imaginário de que elas são "nem-nem", no popular "nem trabalham nem estudam", e estão nessa situação apenas porque querem. Mas se for para ser assim, quem pede sofre. Não reconhecer essa condição é não respeitar essas pessoas como seres humanos, não se sensibilizar pela situação que as levou à extrema vulnerabilidade.

E não, pessoas em situação de rua não vivem apenas nas ruas. Elas habitam abrigos, espaços abandonados e, muitas vezes, têm casa, mas enfrentam total falta de acesso a bens, serviços e à dignidade. Na mesma medida em que são desrespeitadas por estarem em contexto de rua, é exatamente na rua que forjam laços familiares, com pessoas que podem ser usuárias de substâncias psicoativas ou não. Ou seja, a rua não é um lugar de passagem; ela é o lugar onde essas pessoas vivem. Nós, que estamos de passagem em seus ambientes de campo afetivo, precisamos primeiro pedir licença e respeitar o espaço para, assim, estabelecer o vínculo.

Estar à margem do direito de ter direitos é um tema crucial. Um exemplo que gosto de trazer nas discussões é o de Rafael Nunes da Silva, o "mendigo gato" ou "mendigato", descoberto em 2012 em situação de rua. O homem branco, de olhos azuis, se tornou notícia, recebeu um contrato como modelo, casou-se, teve filhos e, apesar de ter voltado às ruas, segue causando comoção. O questionamento é: se ele não tivesse essa aparência, remetendo à lógica da beleza eurocêntrica, teria recebido essas oportunidades?

A história de Alan da Silva[50] prova que não. Assim como Rafael, ele poderia ser considerado um modelo, retinto, alto, musculoso, com um sorriso belíssimo e bem-educado. Ele era doce, inteligente e culto, seu único sonho era concluir o curso de psicologia, exercer sua profissão e ter uma vida melhor. Emociono-me ao falar de Alan porque em 2022 ele foi assassinado sem realizar seus sonhos. Eu me emociono ao falar de Alan porque o respeitava e acompanhava. Ele fez o máximo que pôde. Mas, até para morrer, precisamos ser tratados com dignidade. E nisso o racismo é sorrateiro; a violência pesa mais sobre pessoas em contextos vulnerabilizados.

Essa história me causa profundo incômodo porque as drogas são consideradas um problema para a sociedade, mas apenas quando associadas a pessoas negras, porque se tornam uma justificativa para encarcerar e matar essas pessoas. E não estou dizendo que os efeitos do uso abusivo de qualquer tipo de droga não são prejudiciais, mas precisamos, no exercício cotidiano de produção de sentido, nos questionar por que essa **narrativa da guerra às drogas, que na verdade é uma guerra às pessoas negras**, se perpetua. A autora Luísa Saad, em seu livro *Fumo de negro*,[51] nos conta a história da maconha e de como a proibição do consumo dessa erva está diretamente ligada à construção do imaginário da criminalização da pobreza no Brasil.

Essa construção nos coloca, a longo prazo, em um lugar de naturalização, por exemplo, dos programas policiais sensacionalistas, que muitas vezes exibem o rosto de pessoas negras no exercício do trabalho, justificando se dar dessa maneira em virtude do enfrentamento ao tráfico de drogas. A repetição gera banalização. Assim como a população negra era, cotidianamente, exposta nos periódicos da imprensa como objetos no século 19, essa lógica se atualizou para títulos de matérias que rotulam pessoas negras como traficantes, enquanto pessoas brancas são apresentadas como estudantes, profissionais de áreas distintas, mas não com a nomenclatura correta.

Por décadas, a mídia convencional perpetuou e reforçou desigualdades ao retratar pessoas negras sob lentes estigmatizantes, enquanto narrativas de pessoas brancas foram suavizadas ou exaltadas. Enfrentar essa disparidade exige uma comunicação que humanize, respeite e sensibilize, reconhecendo o impacto de palavras e imagens. Não se trata apenas do que é dito, mas também de como, por quem e quando é dito. Reverter essa lógica significa adotar práticas que combatam o racismo estrutural, valorizem a diversidade de histórias e pessoas e desafiem a normalização da violência contra pessoas negras. Há uma boa frase utilizada pela organização Iniciativa Negra por uma Nova

Política de Drogas que reposicionou a maneira como a militância negra pauta a política sobre drogas no Brasil: **"Pele preta não é suspeita"**. É esse o mote que devemos seguir. Que essa frase inspire uma nova ética no modo de narrar e representar, além do que se vê.

"ELES QUEREM DE NÓS A LAMENTAÇÃO
SUBESTIMAM DEMAIS SEM TER A VISÃO
CAUSAMOS ESPANTO QUANDO TRANSFORMAMOS O PRANTO
EM CORAGEM E SUPERAÇÃO
SOU APENAS MAIS UMA NA MULTIDÃO
CLAMANDO POR PROGRESSO E PROTEÇÃO
NUM PAÍS ONDE A HISTÓRIA DO NEGRO É VELADA
E BRANQUIFICADA NA TELEVISÃO

EU NÃO SEI QUEM SÃO, NEM PARA ONDE VÃO
EU SOU A REVOLUÇÃO
PRA DAR VOZ AOS MEUS, CHAMEI A ATENÇÃO
MOSTREI A DIREÇÃO
ENQUANTO INSISTEM NESSA DIVISÃO
VAMO RECUPERANDO O QUE É NOSSO
É SÉRIO, DO ESTÉREO, PARTINDO DO ZERO
UM IMPÉRIO QUE SURGIU DESSES DESTROÇOS"

"TODOS OS OLHOS EM NÓIZ",
DE KAROL CONKÁ, EMICIDA E DJ DUH

4.
RACISMO ESTRUTURAL E MÍDIA

4.1. "QUE SHOW DA XUXA É ESSE?" NA CONSTRUÇÃO DOS IMAGINÁRIOS

Recentemente, a expressão "Que show da Xuxa é esse?" popularizou-se após o trecho de um vídeo de 1988 viralizar. No corte é possível ver uma menina indignada por não conseguir entrar na comemoração de dois anos do programa *Xou da Xuxa*. O meme é engraçado, mas essa mesma pergunta foi feita por milhares de garotas, meninas negras brasileiras durante muitos anos. O programa da Xuxa, um dos mais populares na história da televisão brasileira, em suas diversas versões, teve um impacto significativo na formação do imaginário social, especialmente em relação à representação de pessoas negras, sobretudo mulheres, que não eram representadas na TV.

Ao conectar os conceitos de lugar de fala, representatividade e "maioria minorizada"[52] ao conteúdo do programa, podemos considerar que, durante a maior parte de sua exibição, ele apresentou uma visão predominantemente branca e eurocêntrica das assistentes de palco. Embora houvesse participações eventuais de artistas negros, a narrativa geral e os personagens principais eram, em sua maioria, brancos. Isso se alinha com a ideia de representatividade:

se não nos reconhecermos, como poderemos entender que é possível ocupar espaços?

A representação na mídia televisiva não refletia a população negra e, quando o fazia, trazia uma percepção enviesada do que é ser negro. A figura da dançarina Adriana Bombom é um desses exemplos. Após mais de dez anos de paquitas, ela surgiu como uma possível representante das mulheres negras em um dos vários programas da Xuxa, o *Planeta Xuxa*, voltado para o público jovem. Mas, enquanto as paquitas usavam roupas que remetiam a fardamentos militares, impondo uma relação visual de respeito e unidade coletiva, Bombom surgia dançando com o corpo à mostra, sozinha.

Na faculdade, quando estudávamos a TV brasileira, eu sentia um incômodo profundo nas referências às Mulatas de Oswaldo Sargentelli. Nesta obra, não vou me referir à trajetória do radialista, artista e ex-apresentador da TV Tupi. Quero, simplesmente, retratar o quanto me desnorteava a palavra "mulata" e a ideia de "pertencer a alguém". Para mim, era estranho que aquelas mulheres concordassem em ser colocadas nessa posição em função da exploração sexualizada das imagens de seus corpos e serem chamadas de um termo tão pejorativo, que se referia às mulheres negras de pele mais clara.

Quando entendi que programas assim me desorganizavam, eu passei a filtrar esses sentidos estigmatizantes e redirecionar minha atenção a programas jornalísticos. Estes ainda seguem num processo tímido de presença de profissionais negros. Para mim, as maiores eram Glória Maria, em rede nacional, e Wanda Chase,[53] nas redes locais da Bahia. Esta última, menos conhecida, é uma das mentes mais importantes do jornalismo baiano e teve um grande valor na minha formação como jornalista.

É impossível falar sobre essa questão dos imaginários sem mencionar o alisamento do cabelo crespo. Não é difícil encontrar mulheres negras que passam por essa questão, seja na adolescência ou já na idade adulta. Eu mesma alisei o meu, inspirada na Anne Hathaway de *O diabo veste Prada*, com direito a franja e tudo. Essa imagem padronizada do feminino é tão popular que força muitas mulheres negras a se adequarem, seja por meio da pressão social, do racismo ou da necessidade de aceitação. E, quando falo de aceitação, não é só em relações romântico-afetivas, mas também em relações de amizade, na família e nos empregos.

No meu caso, houve uma ressignificação desse imaginário, e a perspectiva do empoderamento crespo está entrelaçada com todas as fases do meu amadurecimento pessoal e profissional. Certa vez, um jornalista, um dos fundadores do Instituto Mídia Étnica – organização pioneira da comunicação antirracista na Bahia, pela qual tenho muita admiração e respeito – e do portal *Correio Nagô*, disse-me, em tom de brincadeira, que em 2009 eu não havia sido contratada para estagiar com eles justamente por causa do meu cabelo com franjinha. Por um lado, a franja me prejudicou. Por outro, a ancestralidade me guiou por caminhos tão improváveis que, no final, agradeço ao filme pelo meu cabelo.

Mas você percebe como os imaginários se constroem de formas subjetivas e impactam os sentidos? Que a minha referência estética era uma mulher branca norte-americana? Que show da Xuxa é esse? O tempo respondeu de várias formas que entretenimento é entretenimento, e o vilão da vida real é o racismo.

4.2. COMO O RACISMO AFETA A PRODUÇÃO EM COMUNICAÇÃO?

Quando eu ainda era "foca", termo utilizado para estudantes no começo da carreira jornalística, vivenciei duas formações paralelas que me moldaram como jornalista e me colocaram em uma situação ambígua. A primeira foi no estágio no departamento de comunicação da Companhia de Processamento de Dados do Estado da Bahia, onde conheci a minha primeira coordenadora negra, Rachel Quintiliano. Ela havia trabalhado no Programa de Combate ao Racismo Institucional (PCRI),[54] e esse conhecimento prévio sobre as relações raciais foi fundamental para que, ao produzir matérias para a assessoria de imprensa, eu me preocupasse em buscar fontes diversas em termos de gênero, raça e geração.

Pouco tempo depois, tornei-me estagiária do *Jornal Correio*, antigo *Correio da Bahia*, veículo no qual, nos dez anos que passei por lá, assumi vários cargos. Estagiária, repórter, colunista e apresentadora. Minha participação no jornal me mostrou a importância de discutir pautas raciais em um veículo midiático tão importante. É por isso que digo que essa experiência é outro marco na minha trajetória pessoal e na minha formação antirracista. É uma cronologia longa que, de modo geral, reflete bastante meu processo da compreensão racial.

No jornalismo, a luta contra a violência racial acontece tanto no âmbito individual – como em um trabalho de formiguinha, com pessoas que tentam construir a comunicação antirracista nos ambientes pessoais e profissionais – quanto no coletivo, por meio de grupos de apoio dentro desses espaços ou pela criação de iniciativas focadas no uso da comunicação para fortalecer o enfrentamento ao racismo. Eu, por exemplo, na tentativa de não confirmar essas desconfianças, criei uma estratégia: levar para a coluna pautas primordiais do movimento feminista negro e disseminá-las nos diferentes canais do jornal por meio de um programa de entrevistas com pessoas negras.

Mesmo assim, não é incomum que profissionais negros sejam criticados por "se venderem à mídia hegemônica", ou seja, o trabalho deles, ainda que aborde questões raciais, é desqualificado. O que me leva a questionar se esperam que a comunicação antirracista se restrinja a pequenas bolhas e nunca alcance novos patamares. Mas, de certa maneira, entendo as críticas, afinal todo profissional de produção de um jornal diário já sentiu uma vergonha imensa depois de tomar consciência racial, pois antes disso eram palpáveis a celebração, adrenalina e ação que acompanhavam a revelação de um caso violento, pesado e terrível. "Como foi?", "Por quê?". Ter um furo desses em mãos era simplesmente incrível, até que as perguntas "Onde foi?" e, mais importante, "Quem foi?" aparecessem e, então, a lembrança de que é preciso mudar narrativas e garantir dignidade surgia e qualificava a ideia de que **é imprescindível atuar de forma consciente e responsável, valorizando a vida das pessoas, sobretudo daquelas mais vulnerabilizadas**.

Atualmente, ao olhar para trás, compreendo meu processo de aprendizado. Não se tratava apenas de ser uma profissional em desenvolvimento, mas de me tornar uma mulher negra que rompe com as lógicas do proibicionismo e do punitivismo. Parecia que tudo o que eu havia aprendido na vida como mulher negra não era suficiente para escurecer os fatos. O convívio com as dinâmicas violentas das desigualdades não havia sido o bastante para que eu entendesse, até então, que as pessoas que viravam notícias tinham nome, sobrenome e histórias. Mas, como disse e repito, se entender como antirracista e promover uma comunicação que segue essa diretriz exige tempo, empatia e escuta. Não é algo que surge de repente, nem algo que acontece sem ação.

4.3. O EDUCAR COMO ROTINA DA COMUNICAÇÃO ANTIRRACISTA

Assumir-se na comunicação antirracista leva tempo, sendo preciso reiterar que a educação perpassa diversos espaços. Seja em instituições educacionais, como escolas e faculdades, ou em ambientes profissionais, como empresas e – para algumas pessoas – redes sociais, se educar antirracista é um exercício diário. Exige atenção e compromisso, além de vontade de ver além do óbvio.

Explico com a minha própria faculdade em mente. Meus primeiros anos estudando jornalismo contribuíram muito para o meu processo de aprendizagem sobre questões raciais. Já falei sobre meu estágio e sobre as pessoas que me orientaram, nenhuma delas era professor ou professora titular do meu curso. Não que eles tivessem pouco para me ensinar, mas é que, quando o assunto era raça, para muitos deles, principalmente os sudestinos e sulistas, essa pauta era inexistente. Uma preocupação apenas minha e de colegas negros.

No projeto de conclusão de curso, que elaborei com mais dois colegas de turma, falamos sobre a identidade quilombola. Roteirizamos, dirigimos, gravamos e editamos um documentário chamado *Ser quilombola* (2010),[55] que narra a história da luta pela titulação e pelo reconhecimento de duas terras quilombolas: São Francisco do Paraguaçu, em Cachoeira,[56] no Recôncavo Baiano, e Entre Rios, no município de Porteiras, na Bahia.

Apesar de termos conseguido identificar uma professora com interesse em nos orientar com certa facilidade, à época, a falta de compreensão aprofundada sobre as dimensões raciais relacionadas à população quilombola dificultou o processo de produção. E não apenas por ela, mas também pelo fato de, enquanto trio, estarmos construindo algo sobre um tema ainda novo para nós: a ressignificação identitária. A título de curiosidade, sim, a professora era branca. Do ponto de vista técnico, da produção audiovisual, como quanto aos enquadramentos, as orientações dela foram precisas. Já nas referências aos autores negros, de comunicação, não. Nós, como três estudantes negros, tivemos de buscar orientações externas, de pessoas negras e não negras, para nos auxiliar quanto aos caminhos narrativos a partir dos olhares da educação, a partir da sociologia, da antropologia e, também, da comunicação. Considero essa experiência uma das mais importantes de toda minha trajetória acadêmica, pois tive a oportunidade de produzir um documentário com entrevistas de referências negras, como os professores Ubiratan Castro (*in memoriam*), João José Reis, entre outros.

Também foi marcante pela possibilidade, como já dito, de registrar as histórias das pessoas das comunidades, de vida e luta pelo reconhecimento e pela titulação das terras, além do modo como as características dessas comunidades se atualizaram e seguem atualizando com o passar do tempo, embora isso não signifique que essas mudanças enfraqueceram as heranças territoriais remanescentes dos quilombos. Afinal, não é uma antena de TV que vai descaracterizar ou deslegitimar a identidade quilombola daquelas pessoas. Considero ainda que esse projeto de produção cinematográfica deixou como legado a sua proposição educacional, para exemplificar como o racismo precisa ser enfrentado a partir do registro e da disseminação das narrativas, sobretudo simbólicas, de pessoas historicamente silenciadas.

Meus espaços de trabalho – pelos quais também perpassa a educação – contribuíram para minha formação, já que atuei como consultora para uma agência da Organização das Nações Unidas (ONU), o Fundo de População das Nações Unidas (UNFPA), no qual mais uma vez fui guiada por uma mulher negra, Fernanda Lopes, em busca da minha evolução.

Apesar de tudo isso, não posso dizer que minha formação antirracista estava finalizada, já que também teve muito investimento de mulheres negras, mais especificamente feministas negras – como minha mãe, minhas tias e muitas outras que, graças à força do oculto, se apresentaram como minhas lideranças. Com essas mulheres, entendi que uma comunicação que respeite a população negra somente pode ser construída quando se está disposto a aprender, compartilhar e multiplicar conhecimento. A intelectual bell hooks, em *Ensinando a transgredir: a educação como prática da liberdade*, avalia, na sociedade norte-americana, a necessidade de que pessoas intelectuais negras "insurgentes" sejam éticas no compartilhamento das informações aprendidas em condições de privilégio. Essa obra, para mim, remete não apenas a pensar a comunicação no campo epistemológico, ao modo como produz, pensa, interpreta e considera, mas também a essas mulheres, como nos ensina a célebre citação de Angela Davis, em passagem pelo Recôncavo Baiano em 2017: "Quando a mulher negra se movimenta, toda a estrutura da sociedade se movimenta com ela".[57]

Ao longo de quase oito anos, entre idas e vindas no UNFPA como consultora, assistente de comunicação e programática, me tornei midiativista. Nesse trajeto, fui inspirada por referências que, mesmo sem saber, acenderam em mim a vontade de prosseguir. Algumas mulheres mais próximas me ofereceram conselhos e críticas construtivas, enquanto outras marcaram minha história e serviram como guias. Jurema Werneck, Lúcia Xavier, Luiza Bairros, Maria Inês Barbosa, Valdecir Nascimento, Vilma Reis e Fernanda Lopes são alguns exemplos e indico os trabalhos e obras dessas mulheres negras para ampliar o repertório sobre questões raciais.

Tomando mais uma vez minha trajetória pessoal e profissional como mote, é preciso dizer que nosso corpo também comunica e, por consequência, educa. Uma mulher negra retinta, de 1,80 m, que usa sem medo seu belo cabelo *black power* e se veste com roupas de tecidos coloridos não é a imagem que mora no imaginário comum das pessoas quando se pensa nas Nações Unidas. Mas esta é justamente a descrição de alguém que trabalhou na ONU: a minha. Apesar de muitas vezes ser recepcionada com dúvida e sem reconhecimento, segui na responsabilidade de educar pela comunicação, com plena ciência de que nossos corpos são políticos.

Outro ponto importante a ressaltar quando se utiliza a comunicação para enfrentar o racismo diz respeito à desinformação, ou à importância de informar corretamente como instrumento de educação. Atuando como apoiadora da mobilização nacional em prol da saúde da população negra e da redução da mortalidade materna, quero falar de uma ação capaz de demonstrar essa questão.

O racismo é um determinante social de saúde, e pensar na comunicação em saúde é imprescindível para garantir direitos e acesso a serviços, sobretudo por pessoas negras. Por exemplo, o alerta do Fundo de População da ONU a respeito do retrocesso recente na saúde materna no Brasil, que destaca que 90% das mortes de mulheres poderiam ser evitadas com o atendimento adequado, deve ser repetidamente utilizado na comunicação, em matérias, textos, identidades visuais e entrevistas, no sentido de evitar e denunciar situações graves, como o caso emblemático da morte de Alyne da Silva Pimentel,[58] uma amostra evidente de como o racismo institucional atua.

Comunicação antirracista é, também, educar através de uma comunicação em saúde a partir de uma perspectiva interseccional e responsável. Recentemente, na pandemia de covid-19, mais uma vez, as pessoas que mais sofreram em razão da desinformação – compartilhamento de informações falsas sobre medicamentos, cuidados e a proliferação do vírus – foram as mais vulnerabilizadas.

Portanto, a comunicação não pode ser vista apenas como uma ferramenta ou um instrumento, em uma lógica operacional, mas também como uma construção instrumentalista. Além disso, ela deve ser considerada essencial para toda e qualquer pessoa, bem como meio para mobilizar mudanças sistêmicas.

4.4. COMO A COMUNICAÇÃO PODE REFORÇAR DESIGUALDADES

A comunicação também se traduz na possibilidade de nos conectarmos, gerando vínculos e estabelecendo mensagens que, naturalmente, carregam sentidos que nem sempre serão compreendidos da forma como pretendemos.

Para que a informação alcance as pessoas, é necessário que elas tenham um mínimo de repertório relacional que permita gerar o sentido da comunicação proposta. Em alguns momentos, mesmo com esse mínimo de entendimento, a carga de subjetividades no processo de disseminação da mensagem pode fazer com que a pessoa simplesmente não receba a informação, podendo, inclusive, interpretá-la da maneira que preferir ou, muitas vezes, não a compreender.

Por que isso ocorre? Questões como interesse, disposição, abertura para o diálogo, cansaço e saturação do tema influenciam diretamente a receptividade. Creio que vivemos um momento propício para dialogar sobre pautas raciais, mas, ao mesmo tempo, esses debates deslocam tanto pessoas privilegiadas quanto aquelas que se sentem confortáveis em sua falta de disposição cognitiva para reflexão. Isso resulta em ataques e distorções que frequentemente reforçam discursos de ódio. A internet, nesse contexto, é um campo minado para pessoas negras.

Lembro-me, por exemplo, do *Big Brother Brasil 21*, do qual Juliette foi a vencedora. A história do programa grande parte das pessoas já deve conhecer. Mas gostaria de pontuar que não tenho problema algum em dizer que costumo acompanhar religiosamente as edições do BBB. Até cheguei a me inscrever! Menciono o programa para falar sobre o ódio racial e o tribunal da internet, esse faroeste digital que se desenrola nas plataformas sociais.

Inclusive, dessa edição gostaria de comentar rapidamente sobre Lumena Aleluia e Karol Conká. Comemorei a entrada das duas no programa. Me vi em Lumena. E Karol Conká, que dispensa apresentações, é uma referência de mulher negra no hip-hop e alguém de quem eu gostava antes mesmo de o programa começar.[59] Mas a gente sabe o show de horrores que o programa se tornou e, naquele período, eu estava completamente engajada em discutir o ódio racial na internet. Em uma oportunidade, escrevi para a coluna do Perifaconnection um artigo intitulado "BBB 21: desserviço e contribuição ao ódio racial", no qual apresentei, entre outras reflexões, a seguinte análise:

> [...] O BBB permitiu que torturas psicológicas chegassem ao ponto em que chegaram.
> Um jovem negro (Lucas) contra toda a casa (com exceção de poucos, especialmente de Sarah). A soma da aparente permissividade do programa com a perversidade dos participantes é inaceitável. Em tempo de pandemia, da ampliação do debate racial, em especial após a morte de George Floyd, e em que todos e todas nós, negros, brancos,

> indígenas e pessoas em nível global,
> precisamos cuidar das nossas mentes, os
> impactos de um programa como este podem
> ser gigantescos. A quem serve tanto gatilho
> contra a nossa saúde mental? [...].[60]

Neste caso, a construção narrativa do programa enfatizava Karol Conká e Lumena Aleluia, assim como outros participantes negros, como os algozes do jovem negro, o ator Lucas Penteado. Enquanto isso, a participante loira de olhos azuis era apresentada como uma pessoa sensata e acolhedora. Entendo que é um *reality show* e que a audiência é o que conta. No entanto, há também uma ética e responsabilidade em relação às pessoas convidadas a participar de programas como esse. Obviamente, não podemos desconsiderar os acontecimentos. Mas as edições podem enfatizar ou atenuar o ódio. E, quando a construção de vilania é associada a pessoas negras, o peso é muito maior. Afinal, em um país ainda profundamente marcado pelo racismo, onde pessoas negras, tanto na imprensa quanto no entretenimento, sempre foram colocadas a partir de representações de inferiorização, estigmatização e/ou criminalização, o julgamento das duas certamente ultrapassaria a tela de TVs, notebooks e smartphones. Como consequência, a cantora sofreu um gigantesco impacto negativo na carreira, com perda de contratos de publicidade e shows. Já a psicóloga foi deslegitimada de sua profissão.

Os níveis de violência racial na internet foram tão desproporcionais que ninguém ficou de fora. Nada justifica o apagamento artístico que Conká sofreu após sua participação no reality show. Certa vez, ao tentar defender Lumena Aleluia, recebi dezenas de comentários carregados de racismo, xenofobia, sexismo e machismo. Naquela altura, percebi que deveria "pular a fogueira", como dizemos na Bahia, referindo-nos às ciladas de que escapamos.

Eram tempos difíceis. Ao elaborar esse recorte situacional sobre o ódio racial disseminado contra pessoas negras na internet, como ocorrido com Lumena e Karol Conká, é importante destacar que a internet também se apresenta como um espaço de denúncia e mobilização social, permitindo que pessoas de todo o mundo relatem casos de racismo.

> "O POVO SABE O QUE QUER
> MAS O POVO TAMBÉM QUER O QUE NÃO SABE."
>
> "REP", DE GILBERTO GIL

5.
COMO CONSTRUIR NARRATIVAS QUE EMPODEREM A POPULAÇÃO NEGRA?

5.1. DIRETRIZES CONCEITUAIS

Agora que você já conhece um pouco mais dos diversos atos históricos e de algumas referências em diferentes áreas da comunicação que promovem narrativas que desafiam os estigmas impostos às pessoas negras, trago algumas contribuições e reflexões que venho construindo sobre métodos para a prática da comunicação antirracista. Classifico-as como diretrizes:

a) **Ressignificação:** reconhece como uma pessoa é permeada por percepções com base em diversos preconceitos que estigmatizam pessoas negras, resultado de uma construção de sentido cis-heteronormativa branca patriarcal;
b) **Interação:** incorpora, em suas práticas cotidianas de comunicação – verbal e não verbal –, um compromisso intrínseco à sua existência: o enfrentamento ao racismo nas relações interpessoais;
c) **Demarcação:** estabelece limites na comunicação ao reconhecer que, quanto mais há interseccionalidade em um grupo, mais o respeito às vozes de pessoas marginalizadas deve ser priorizado.

Essas diretrizes conceituais são essenciais para o estabelecimento de uma comunicação antirracista e precisam, primordialmente, articular-se em três dimensões: o anticapacitismo, o antipunitivismo e o antiproibicionismo.[61] No processo de construção de simbologias, as questões religiosas, morais, regionais e culturais impactam diretamente a maneira como nos comunicamos. Entretanto, não podemos pensar de forma desconectada, seja no Brasil ou em outros países afetados pelas dinâmicas sociorraciais; quanto mais vulnerabilidades existirem na vida de uma pessoa, mais suscetível ela se torna a uma combinação intensa de violências raciais.

A responsabilidade de comunicar é forte: ela nos cobra diariamente.

5.2. ANÁLISE DO DISCURSO 1 – "A NOVA ESTÉTICA POLÍTICA: MULHERES NEGRAS NO PODER"

Farei um recorte para registrar uma reunião do Afronte à Comunicação, grupo composto por uma centena de comunicadores baianos que surgiu com o intuito de apoiar candidaturas negras nas eleições à prefeitura de Salvador em 2019. Para contextualizar, preciso mencionar Vilma Reis, mulher negra, baiana, lésbica, rastafari e filha de Xangô. Fomos apresentadas pela minha coordenadora no *Corra pro Abraço*, mas eu já a conhecia como militante do movimento feminista negro e sabia que ela era respeitada em diversos movimentos sociais. Ao lado dela, acabei me tornando, sem nem perceber, parte de um movimento insubordinado, insubmisso e insurgente, chamado Mahin – Organização de Mulheres Negras. Um grupo criado por sete mulheres negras determinadas a mudar a estética política de Salvador.

Como realizamos isso? Até hoje, não consigo acreditar na coragem – ou talvez no desatino – que tivemos.

No dia 1º de julho de 2019, em um dos andares da sede da Katuka – Africanidades, nos reunimos como coletivo e decidimos construir uma nova história para a capital baiana. Após muitas reuniões, reflexões e ponderações, entendemos que era o único momento possível. Assim, avançamos. Contávamos, literalmente, com apenas um banner. Começamos a construir o que seria um dos anos mais caóticos da cena eleitoral política baiana.

E fomos lá, as mulheres negras, empurrar a esquerda para a esquerda, conforme disse Sueli

Carneiro. Naquele ano, Vilma Reis, ainda sem partido definido, optou por seguir com a pré-candidatura no Partido dos Trabalhadores (PT) após longas negociações, contando com o apoio de Luiz Alberto Silva, uma grande liderança política que, infelizmente, faleceu em 2023. Um nome importante para guiar os enredos políticos partidários.

As estratégias de comunicação da Mahin para o Agora é Ela[62] se centravam em pilares como: fortalecer a presença de mulheres negras na política; potencializar o desejo coletivo pela importância de eleger uma mulher negra, Vilma Reis, como prefeita de Salvador; desafiar perspectivas centradas na lógica cis-heterobranca patriarcal; e criar uma unidade narrativa que afirmasse que se há racismo, não há democracia. Tudo isso por meio de ações de mobilização em diálogos com movimentos sociais e lideranças comunitárias, além de uma forte presença da pré-candidata em notícias locais e nacionais abordando o tema: mulheres negras na política.

Com isso, volto aos encontros do Afronte à Comunicação, que foram como um marco da comunicação antirracista na Bahia. Foi lá que propusemos apoiar a campanha Agora é Ela, idealizada pela Mahin, e, também, as candidaturas negras à prefeitura e à vereança que por ventura surgissem e dialogassem com a esquerda. Após algumas reuniões, o grupo seguiu nas articulações on-line, endossando na imprensa, a partir de um caráter mais discursivo, o fortalecimento e investimento de e em candidaturas negras, sobretudo de mulheres negras. Deste, surgiu outro menor, mais focado em atuar politicamente, intitulado Coletivo Pauta Negra.

Apesar de todos os esforços feitos com a campanha Agora é Ela, Vilma não foi lançada como candidata. Ela é conhecida por ser antipunitivista e se opor aos alarmantes índices de violência apresentados pela segurança pública da Bahia, há muitos anos governada pelo PT. Acredita-se que essa oposição pode ter sido um dos motivos de sua candidatura não ter sido considerada. Mesmo assim, movimentou o jogo de tal forma que o partido se viu na obrigação de lançar uma mulher negra: Major Denice Santiago. Outra mulher negra, mas sem histórico político ou partidário. Sob uma perspectiva semiótica, pode-se analisar essa escolha como uma resposta ao único perfil que seria aceito pelos homens brancos de classe média alta que comandam o partido na Bahia – alguém que representasse o Estado a partir das noções de vigilância e punitivismo, já que ela era policial.

Embora Denice fosse reconhecida por seu trabalho contra a violência doméstica, ela não apresentou o lastro argumentativo necessário para participar da disputa eleitoral, o que acabou ocasionando uma asfixia da sua candidatura. Por sua vez, Vilma saiu vitoriosa, emergindo no cenário nacional como a voz representativa de uma nova forma de fazer política. Em 2022, dessa vez com apoio do fundo eleitoral do PT, ela se candidatou à deputada federal, angariando mais de 60 mil votos. Embora tenha ficado em 3ª suplência pelo partido, foi a candidata mais votada em Salvador. E o que a considerada vitória de Vilma nos diz sobre comunicação antirracista? Que é possível, a partir de um planejamento estratégico, construir bases argumentativas sólidas, com foco na promoção da equidade racial. Ela, por meio da sua presença recorrente na imprensa nacional, construiu uma comunicação que reforçava a importância da participação de mulheres negras na política, fortalecendo não apenas a si mesma, mas também uma concorrente, a Major Denice. Ou seja, a mobilização no entorno de uma comunicação sistemática gerou resultados, ainda que não os desejados pelo movimento feminista negro local.

5.3. ANÁLISE DO DISCURSO 2 – "COALIZÃO POR UMA MINISTRA NEGRA NO STF"

Durante o governo de Jair Bolsonaro, surgiu no Brasil um movimento de contranarrativa fundamental ao negacionismo em torno da covid-19: a Coalizão Negra por Direitos. Esse coletivo uniu, em sua intensa atuação, centenas de entidades em torno das pautas prioritárias para a população negra, destacando-se por sua capacidade de se posicionar politicamente por meio de um forte trabalho de *advocacy*, que, no âmbito das políticas públicas, se trata de uma prática, especialmente promovida por movimentos sociais, voltada para o fortalecimento, a defesa e a argumentação em favor de direitos e causas. Um exemplo marcante foi a campanha *Por uma ministra negra no STF*, que visava introduzir uma perspectiva feminina negra na mais alta instância do Judiciário, o Supremo Tribunal Federal (STF).

O STF existe desde antes da abolição da escravatura e da Proclamação da República.[63] Oitenta anos antes da sua fundação como Supremo Tribunal Federal, ainda no Brasil Império, foi criada a Casa da Suplicação do Brasil, posteriormente renomeada como Supremo Tribunal de Justiça e, por fim, como Superior Tribunal Federal. Nesses mais de duzentos anos de existência, apenas cinco homens autodeclarados negros ocuparam cadeiras no tribunal: Pedro Lessa, Hermenegildo de Barros, Joaquim Barbosa, Kassio Nunes Marques e, recentemente, Flávio Dino. Esse fato dá mais base às demandas dos movimentos negro e feminista, que buscam maior diversidade racial e de gênero na Suprema Corte.

Embora a campanha não tenha sido bem-sucedida em colocar uma mulher negra no STF, e Flávio Dino tenha recebido a indicação, a mobilização da campanha por uma ministra negra impactou diretamente a nomeação de duas juízas negras como ministras do Tribunal Superior Eleitoral (TSE): Vera Lúcia Araújo, antiga integrante do Movimento Negro Unificado (MNU) do Distrito Federal, e Edilene Lobo, jurista.[64] Foi um marco histórico por escancarar como o racismo institucional é mais pesado quando a perspectiva de gênero é colocada em primeiro plano. Afinal, desde a redemocratização do Brasil com a Constituição de 1988, apenas três mulheres, brancas, estiveram sentadas nas "cadeiras superiores".

A campanha também marcou um ponto alto na história da comunicação antirracista no Brasil, evidenciando o poder das estratégias de pressão popular, sendo considerado inovador na forma como impulsionou objetivos e ampliou o alcance de projetos políticos por meio da comunicação antirracista. Esse modelo englobou diferentes estratégias de mobilização, como: produção de materiais informativos em outdoors, manifestações artísticas, faixas, bandeiras, lambes; disseminação de notícias em mídias nacionais e internacionais, como a calorosa recepção que o presidente Lula recebeu na Índia durante o encontro do G20 por defensoras da campanha;[65] e o registro das ações coordenadas de forma organizada e simultânea.

Por fim, o *Por uma ministra negra no STF* representou um reposicionamento importante do movimento negro e do feminismo negro nas narrativas políticas, em especial, no diálogo com a esquerda. Após diversas lutas na produção de sentido em decorrência da oposição à desinformação, à disseminação de *fake news* e ao negacionismo durante a gestão do governo Bolsonaro – sobretudo aquilo que era referente à covid-19, que impactou diretamente as minorias –, a reeleição de Lula trouxe uma nova disputa ideológica. O desafio era "empurrar a esquerda para a esquerda" e centralizar as pautas da população negra nos debates nacionais.

5.4. ANÁLISE DO DISCURSO 3 – "POR REFERÊNCIAS SOBRE O AMOR PRETO"

Para não dizer que só falei de temas pesados, gostaria de abordar outro ponto sobre as simbologias negras: o amor. Ao ler inúmeros textos de bell hooks e artigos que falavam sobre suas produções, compreendi que a resistência, enquanto população negra, e a batalha pela humanização do nosso corpo são feitas a partir dos sentimentos, sendo o amor um elemento essencial para a superação da dor e do trauma histórico que sofremos.

Aqui trago um questionamento: quantos casais negros, personagens de novelas brasileiras, você tem em sua memória? Para além de Taís Araújo e Lázaro Ramos, que é um casal real. Faço essa pergunta para que você possa também refletir sobre essa questão, ressaltando a importância de reafirmar que pessoas negras são passíveis de serem amadas.

E peço perdão pelo "bairrismo" para uma breve exemplificação de como a comunicação antirracista também se insere nessa temática – sou apaixonada pela cidade de Salvador e minhas referências são desse lugar. Dito isso, trago a célebre frase: "Reaja à violência racial: beije sua preta em praça pública", em referência ao poema do artista Lande Onawale, estampado na capa da edição 19 do *Nêgo – Jornal do MNU* (Movimento Negro Unificado), publicado em maio de 1991. Tanto a frase quanto a capa do jornal me remetem ao enfrentamento simbólico de que, conforme ecoa o *Ilê Aiyê*, somos negões e negonas, e nosso coração é a liberdade! O amor é traduzido não apenas pela frase, mas também pela imagem de um casal negro se beijando. Essa simbologia está profundamente entrelaçada com as diversas chamadas presentes nessa edição do jornal.

Há também um destaque de uma entrevista com a intelectual Lélia González, uma das pioneiras no conceito de interseccionalidades – embora sem nomeá-lo dessa forma na época –, ao trazer à tona as interações entre gênero e raça. Lélia também cunhou o conceito de "Améfrica Ladina", que propunha uma visão integrada da América Latina, considerando a diversidade cultural e racial.

Além disso, há uma matéria sobre o reggae e suas influências, que vão da Jamaica ao Maranhão, ressaltando o impacto dessa cultura musical no Brasil. Outro artigo aborda Bob Marley como um mito e examina os aspectos da cultura rastafári, que promove a paz, o amor e a não violência. Essas características se refletiam tanto nos comportamentos da juventude negra em Salvador quanto nos conceitos dos bares de reggae e blocos afros da cidade.

A escolha por essa referência não é gratuita: a publicação já tem mais de trinta anos e ainda reverbera nos dias atuais. Isso mostra a importância de uma comunicação afrocentrada, com referências positivas a respeito da população negra. Isso também é comunicação antirracista, uma estratégia valiosa de empoderamento daqueles que, em geral, não são contemplados nessas narrativas.

"1. PERMITA E ESTIMULE A LIVRE E ABERTA DISCUSSÃO ACERCA DOS PROBLEMAS DOS DESCENDENTES DE AFRICANOS NO PAÍS, E QUE ENCORAJE E FINANCIE PESQUISAS SOBRE POSIÇÃO ECONÔMICA, SOCIAL E CULTURAL OCUPADA PELOS AFRO-BRASILEIROS DENTRO DA SOCIEDADE BRASILEIRA, EM TODOS OS NÍVEIS."

ABDIAS NASCIMENTO[66]

6.
AVANÇOS E TENSÕES NO DISCURSO POLÍTICO E GOVERNAMENTAL

6.1. A COMUNICAÇÃO COMO ALIADA DAS AÇÕES AFIRMATIVAS

Já que a comunicação e a mídia desempenham um papel estratégico na formação da opinião pública, seja para legitimar, seja para deslegitimar essas políticas, vale relembrar que, antes dos anos 2000, os profissionais de comunicação em posições de decisão eram quase, em sua maioria, pessoas brancas. Então, não é de surpreender que a postura da mídia convencional evidenciasse uma resistência significativa ou total desatenção à pauta racial, tornando ainda mais polarizado o debate sobre a questão racial no Brasil.

Embora houvesse esforços para que pessoas negras ingressassem nas universidades, as políticas de ação afirmativa enfrentaram abordagens reducionistas por parte dos grandes veículos de comunicação. Esses meios, gerenciados por monopólios, com ampla distribuição e reconhecimento, estavam ancorados no mito da democracia racial. Muniz Sodré conceitua quatro fatores do racismo midiático: a negação, o recalcamento, a estigmatização e a indiferença profissional. Ou seja, a mídia, segundo o sociólogo e jornalista, tende a negar a existência do racismo, exceto quando o tema é a notícia. Ainda, desconsidera as contribuições positivas das manifestações relacionadas às perspectivas negras. E, também, estigmatiza e desvaloriza diferenças culturais e reforça preconceitos contra grupos não brancos. Por fim, ele considera que a mídia se pauta pelo lucro, pelo consumo comercial, no que tange à perspectiva midiática para fins publicitários, e mantém uma baixa representatividade de pessoas negras em seus quadros profissionais, reforçando a exclusão e perpetuando desigualdades.[67]

Felizmente, hoje, com o surgimento de mais mídias negras, o fortalecimento das lutas dos movimentos negro e feminista negro, além da produção de mais dados e evidências, a abordagem midiática sobre questões raciais tornou-se inevitável. Agora, embora os grandes portais abordem o tema, o foco ainda é maior na notícia, na denúncia, como nos casos de racismo institucional, recreativo, ou ambiental, que ganham repercussão. A pesquisa "Raça, gênero e imprensa: quem escreve nos principais jornais do Brasil?", realizada em 2023 pelo Grupo de Estudos Multidisciplinares da Ação Afirmativa (GEMAA),[68] investigou o perfil das pessoas que escrevem nos três maiores jornais impressos do país – *Folha de S.Paulo*, *O Estado de S. Paulo* e

O Globo –, revelando como o jornalismo brasileiro reflete e perpetua desigualdades estruturais de raça e gênero, tanto na produção quanto nas fontes jornalísticas, sendo os profissionais homens brancos a ocupar quase todos os espaços mais prestigiados, como editoriais e colunas de opinião. Isso nos leva a pensar o motivo pelo qual muitas notícias podem não ser divulgadas com a lente do racismo por, talvez, como hipótese, a classe privilegiada que ocupa esses espaços se sentir distanciada e não atuar do ponto de vista da comunicação antirracista como prática cotidiana.

Assim, a negação, como descreve Muniz Sodré, persiste, pois a mídia convencional continua a ignorar o racismo de maneira sistêmica, abordando-o apenas em casos notórios, como em frases consideradas polêmicas. Em contraste, mídias negras, independentes e alternativas adotam um método mais rigoroso e criterioso.

Do ponto de vista ambiental, por exemplo, o racismo se beneficia da desinformação sobre temas urgentes, como desastres naturais e a crise climática, que impactam diretamente comunidades vulneráveis, majoritariamente compostas por pessoas negras e/ou indígenas. E a comunicação, em uma perspectiva antirracista, combate o negacionismo e o descrédito dados aos informes produzidos por lideranças comunitárias.

Ao considerarmos que as ações afirmativas ocorreram paralelamente à crescente ocupação de comunicadores negros em espaços midiáticos, uma nova produção de sentido parece despontar. Com isso, podemos levantar a hipótese de que esse avanço foi impulsionado pelo aumento desses profissionais nos meios de comunicação. Entretanto, não podemos afirmar isso sem uma pesquisa mais aprofundada. Se fosse comprovado, seria um dado positivo.

Entendo como fundamental o desenvolvimento de estratégias, planos e políticas de comunicação antirracista que promovam uma narrativa crítica, não apenas sobre a imprensa brasileira, mas também sobre todos os aspectos relacionados a ela. É essencial, ainda, investir na promoção de um debate público que valorize as contribuições da população negra, assegurando que as políticas de igualdade racial sejam implementadas, legitimadas e respeitadas. Afinal, a comunicação, em suas diversas formas, mas, sobretudo, como instrumento de tomada de consciência racial, pode ser, como proposto no título deste tópico, uma aliada para a compreensão, por exemplo, das políticas de ações afirmativas, ou do motivo pelo qual pessoas pardas e pretas, juntas, segundo o Estatuto da Igualdade Racial,[69] são consideradas pessoas negras no Brasil e quais são as dimensões disso para assegurar a garantia de direitos para a população negra do país.

O Estatuto reconhece que pretos e pardos são classificados como pessoas negras, ampliando o conceito de população negra afro-brasileira para incluir aqueles que se identificam como tal ou por definição análoga. Ao dar visibilidade às questões enfrentadas por negros e negras e destacar as políticas públicas que buscam eliminar barreiras de acesso a bens, serviços e oportunidades, a comunicação sensibiliza a sociedade e desmistifica preconceitos estruturais, tornando-se, desse modo, parte fundante das ações afirmativas.

Não à toa, o Capítulo VIII do Estatuto estabelece diretrizes para a promoção da equidade racial nos meios de comunicação, contribuindo diretamente para as ações afirmativas. O artigo 55, por exemplo, exige que os órgãos de comunicação valorizem a herança cultural e a participação de afro-brasileiros na história do país, enquanto os artigos 56 e 57 determinam que filmes, programas de TV e peças publicitárias apresentem, no mínimo, 20%

de atores e figurantes negros brasileiros. Já o artigo 58 obriga entidades públicas e empresas governamentais a incluir cláusulas de participação de artistas negros em produções audiovisuais e publicitárias. Como diria o cantor Rincon Sapiência, "Os preto é chave. Abram os portões"!

6.2. EDUCAÇÃO MIDIÁTICA PARA O ENFRENTAMENTO DO RACISMO

Durante os governos Lula e Dilma, o Brasil experimentou grandes avanços nas políticas de ações afirmativas para populações minorizadas, como a garantia do acesso às universidades públicas por meio de cotas, e a instituição das bancas de heteroidentificação. Essas medidas contribuíram significativamente para o processo de (re)construção do imaginário da população negra no Brasil em muitas frentes. Entre elas, destaca-se o combate ao epistemicídio, ou apagamento, de contribuições históricas de pessoas negras. Dentro da própria academia, educadores se dedicaram, muitas vezes de forma independente, à aplicação das Leis ns. 10.639/2003[70] e 11.645/2008.[71] Embora houvesse esforços significativos para garantir o acesso de pessoas negras às universidades, não se promovia, no Ensino Fundamental I e II, o desenvolvimento do pensamento crítico a respeito da historiografia afrobrasileira.

Apesar disso, Lula foi o líder que mais investiu em políticas de equidade racial. Na atual gestão Lula (2023-2026), o governo federal, por meio do trabalho interministerial entre a Secretaria de Comunicação da Presidência da República e o Ministério da Igualdade Racial (MIR), construiu o Plano de Comunicação pela Igualdade Racial na Administração Pública Federal (2024), que visa implementar um conjunto de propostas para ações, estratégias e orientações relacionadas ao tema da comunicação antirracista nos órgãos e nas entidades da administração pública federal.[72]

Do ponto de vista institucional, essa iniciativa é importante para utilizar a comunicação antirracista como ferramenta de diálogo com a população negra brasileira e construir novas narrativas de enfrentamento aos seus antagonistas políticos. Além disso, pode fortalecer o corpo técnico das instituições. Situações complicadas têm ocorrido de forma recorrente no governo. Por exemplo, um funcionário da equipe de comunicação do Ministério dos Esportes publicou a imagem de um macaco para simbolizar a chegada dos atletas para as Olimpíadas de 2024 em Paris. Como pode um profissional de comunicação de um órgão federal de esportes naturalizar a animalização de pessoas, quando o macaco é um símbolo racista mais do que conhecido em vários países?

É por isso que defendo a importância de promover formações em comunicação antirracista em todas as esferas político-institucionais e em todos os níveis de gestão. A comunicação antirracista importa. Embora algumas pessoas acreditem que discutir racismo segrega mais do que une, é exatamente nesse tema que devemos nos concentrar para enfrentá-lo.

Como parte dessa estratégia, é possível focar três pontos que, a meu ver, ainda são pouco aprofundados: a educação midiática, o letramento racial e o letramento digital. Essa tríade pode funcionar como um antídoto contra a desinformação. Uma abordagem governamental que investisse nessas áreas poderia proporcionar avanços significativos na percepção e na proteção dos processos democráticos.

O conceito de letramento racial foi cunhado pela antropóloga France Winddance Twine, em 2003, com o objetivo de desconstruir o racismo nas identidades raciais brancas, utilizando a educação como ferramenta para esse processo. No Brasil, acabou sendo disseminado pela pesquisadora Lia Vainer Schucman, em 2012, e desde então tem sido incorporado às pesquisas educacionais, promovendo uma reflexão crítica sobre as dinâmicas raciais e contribuindo para a construção de uma sociedade mais atenta ao tema e inclusiva.[73] Já a educação midiática, também conhecida por outros termos, como educomunicação, mídia-educação e alfabetização midiática, busca desenvolver competências críticas para o uso consciente das mídias, tanto digitais quanto tradicionais, permitindo que os indivíduos participem de forma ativa e consciente do ambiente midiático, conforme aponta a "Estratégia Brasileira de Educação Midiática".[74]

Já o letramento digital tem sido compreendido como a capacidade de utilizar tecnologias digitais, de forma crítica, permitindo que as pessoas acessem, analisem, assimilem, criem e reproduzam informações de modo a reconhecer as densidades da comunicação na era digital. A falta de letramento digital pode dificultar a navegação na internet e a interpretação de informações, possivelmente resultando em desinformação ou no uso inadequado e/ou inseguro das tecnologias.

Ao pensar a comunicação antirracista, precisamos considerar a intersecção desses três conceitos e suas implicações para a população negra. O letramento racial promove a perspectiva crítica das relações raciais e do racismo, enquanto a educação midiática possibilita à população negra se apropriar das mídias, desconstruindo estigmas e criando narrativas próprias. E, por fim, o letramento digital garante o acesso seguro e crítico à informação em ambiente digital, combatendo a desinformação e assegurando a participação ativa dessa população na disseminação de informações. Tudo isso é, basicamente, promoção dos direitos sociais à informação, educação e segurança.

Com a criação de um órgão federal específico para a promoção da igualdade racial e o estímulo à formação de secretarias estaduais e municipais, havia a expectativa de que a comunicação orientada por uma perspectiva antirracista se tornasse uma estratégia viável para ampliar as capacidades institucionais em várias instâncias. Entretanto, a ausência de uma política nacional de comunicação antirracista em suas diretrizes contribui para que veículos de comunicação, especialmente os privados, utilizem suas plataformas como instrumentos para destituir direitos e para minar o imaginário de pessoas negras. Como ocorre, por exemplo, com programas policialescos. Isso é feito por meio do reforço de estereótipos, da condenação de indivíduos sem a presunção de inocência, da sexualização de corpos e da justificativa de mortes por meio de discursos proibicionistas e punitivistas.

Nesse sentido, é fundamental acompanhar de modo contínuo como a opinião pública se comporta em relação às informações sobre a perspectiva racial, sendo possível aferir, assim, mesmo que superficialmente, se as políticas estão realmente atendendo às necessidades da população negra. É interessante utilizar o racismo como tema para avaliar a opinião pública, pois revela a complexidade das percepções sociais sobre questões raciais. Das duas mil pessoas entrevistadas para a pesquisa "Percepções sobre o racismo no Brasil" (2023), 81% delas afirmaram que o Brasil é um país racista, sendo que 60% concordam totalmente e 21% concordam em parte. Além disso, a pesquisa aponta que a violência verbal é considerada a principal forma de manifestação do racismo, com 66% dos entrevistados apontando essa modalidade, seguida pelo tratamento desigual (42%) e pela violência física (39%).

A pesquisa mostra ainda que 69% das pessoas entrevistadas apoiam a disponibilização de cotas ou ações afirmativas como forma de promover a equidade racial, com índices ainda mais altos para grupos específicos: 88% para pessoas com deficiência; 83% para pessoas de baixa renda; 74% para pessoas pretas, pardas e indígenas; 72% para mulheres; e 56% para pessoas LGBTQIAPN+. No entanto, os números são baixos quanto à crença na eficácia das políticas públicas para melhorar a vida de pessoas negras: 45% acreditam que existem políticas suficientes, enquanto 49% discordam. Ou seja, os dados indicam ampla consciência sobre a presença do racismo na sociedade brasileira, mas também sugerem certa minimização e desconfiança em relação à eficácia das políticas afirmativas.

6.3. "E OS AVANÇOS, PRESIDENTE?" – DESCONEXÃO RETÓRICA RACIAL

A imprensa é uma força política que molda a percepção pública e influencia o debate político. A maneira como as narrativas são construídas e apresentadas pode reforçar ou desafiar a imagem de líderes políticos, como ocorreu tanto com Jair Bolsonaro quanto com Lula. A imprensa não é apenas um veículo de informação, mas um espaço no qual diferentes visões de mundo e modos de vida são discutidos e contestados.

Para exemplificar, pensemos em como a falta de um fortalecimento do discurso da comunicação pública e governamental, a partir de uma lógica de comunicação antirracista, reflete diretamente na maneira como a mídia aborda as declarações do presidente Lula, por exemplo, quando ele se equivoca em algum discurso relacionado às causas raciais. Observar como esses discursos impactam o imaginário coletivo e causam distanciamentos e contrapublicidade é fundamental.

Na gestão do ex-presidente Jair Bolsonaro (2019-2022), o estudo "Quilombolas contra Racistas, das organizações Terra de Direitos e a Coordenação Nacional de Articulação das Comunidades Negras Rurais Quilombolas (Conaq)" identificou que os discursos do político continham "promoção da supremacia branca; negação e a minimização do racismo; reforço a estereótipos racistas que degradam a dignidade de indivíduos ou grupos; a incitação à restrição de direitos, como a negação de políticas de ação afirmativa e a direitos territoriais e culturais; a justificação ou a negação da escravidão e do genocídio".[75]

No caso de Bolsonaro, discursos como estes faziam parte da construção de um tom de voz que, infelizmente, se conectava à promoção de uma lógica narrativa ligada à violência de forma naturalizada e normalizada. Lula, por sua vez, embora possa apresentar descompassos considerados preocupantes na abordagem da questão racial, assim como ocorreu com Fernando Henrique Cardoso, como já dito, é um dos líderes do Palácio do Planalto que mais investiram em políticas de equidade racial. Essa maior entrega à pauta não tira a responsabilidade presidencial de derrubar a barreira de reflexão narrativa ocasionada pelo fato de ser um homem branco, independentemente de sua origem.

Mais uma vez, defendo a importância de formações em comunicação antirracista no sentido mais amplo no campo administrativo. Considero essa iniciativa estratégica não com o intuito de instrumentalizar a narrativa negra em favor do governo como uma forma de reduzir danos ao discurso, mas sim para introjetar a perspectiva racial em todas as ações.

É fundamental que o atual presidente, assim como demais chefes de estado, sejam assessorados acerca de suas contribuições verbais sobre pautas raciais de modo adequado. **Toda comunicação é política!** Quando uma fala pode ser considerada comprometedora, o mais indicado é não se pronunciar. Como já dito, a prática dos veículos de comunicação de recorrentemente selecionar e enfatizar certos aspectos das notícias é especialmente evidente em contextos de polarização política, nos quais a forma como um governo ou um partido é retratado influencia a aceitação ou rejeição da população. Em outras palavras – e reforçando mais uma vez –, a cobertura midiática não é neutra.

A literatura sobre comunicação política sugere que a grande mídia quase sempre adota uma postura crítica em relação a governos de esquerda, resultando em uma representação distorcida. E, para compreender o poder da comunicação, é preciso ter sempre em mente que a opinião pública é um constructo social influenciado pelo encontro entre a mídia, os políticos e a sociedade, moldado por narrativas midiáticas e pela retórica política.

DIAS NEGROS VIRÃO

VAMOS DENEGRIR SUA IMAGEM

NÃO SOMENTE NA TV
COMO TAMBÉM EM TODA PARTE
PARA QUE HAJA DE FATO
ALGO QUE CHAMEMOS DE IDENTIDADE

VAMOS DENEGRIR SUA IMAGEM

PARA MOSTRAR QUE DIAS NEGROS VIRÃO
PUXADOS PELO CARRO-DE-BOI-DA-CARA-PRETA
HONRANDO AS VOZES QUILOMBOLAS
QUE LUTARAM COM LETRAS
HONRANDO AS VOZES PALMARINAS
QUE RESISTIRAM ÀS ARMAS [...]

VAMOS DENEGRIR A SUA IMAGEM

VAMOS DENIGRAR, DENEGRIR, ENEGRECER
MERGULHAR EM TODA NOSSA ESCURIDÃO
PARA RIMAR MULHER NEGRA COM RESPEITO
PARA QUE NOSSAS CRIANÇAS
RETOMEM A BELEZA DE SEREM CRIANÇAS
PARA QUE TODO NOSSO POVO

ENCHA O PEITO
E AFIRME QUE DIAS NEGROS VIRÃO.

JAIRO PINTO[76]

7.
REGISTROS DO NOSSO TEMPO: O QUE PENSAM OS COMUNICADORES ANTIRRACISTAS?

7.1. SE O MUNDO É NEGRO, A ALMA TEM COR?

Desde os *Boletins Sediciosos*[77] da Revolta de Búzios até publicações dos séculos 20 e 21, como o jornal *Quilombo* e o *Irohin*, a imprensa negra tem promovido a difusão de conteúdos que retratam o cotidiano dessa população e sua conexão com os movimentos sociais em busca de direitos.

Neste capítulo, abordo as mídias negras contemporâneas, com foco especial no portal *Alma Preta* e no site *Mundo Negro*, ambos localizados em São Paulo. Escolhi esses portais por ter entrevistado seus fundadores, Pedro Borges e Silvia Nascimento, que são referências na disseminação de pautas jornalísticas direcionadas a seus públicos, tanto nas plataformas digitais quanto nos portais. Entretanto, ao trazer este material, não desconsidero o fato de que o processo de produção de trabalhos em comunicação em outras regiões do Brasil é tão importante quanto esses. Sabemos que o acesso a recursos, financeiros ou não, é difícil e mesmo assim a excelência do material produzido nas mídias independentes é inegável, além de alcançar realidades por vezes marginalizadas, como a de indivíduos de áreas rurais e urbanas, quilombolas e ribeirinhas.[78]

Tanto Pedro Borges quanto Silvia Nascimento compartilharam a mesma dificuldade no reconhecimento de seus portais como espaços relevantes para o investimento publicitário.

Para Pedro, "a grana [...] é o grande X da questão", o que reflete a realidade de muitas iniciativas de comunicação que, apesar de sua importância social, lutam para se manter financeiramente. A história da imprensa negra no Brasil é marcada por um ciclo de surgimento e desaparecimento de muitos veículos, que vão além do recurso e se encontram no próprio racismo, que reforça o não reconhecimento da importância dessas mídias, colocando-as em nichos. De forma paradoxal, Silvia considerou o ano de 2020 aquele com maior repercussão financeira, já que estavam em pauta as notícias mais quentes: o assassinato de George Floyd e o de João Alberto de Freitas, bem como o primeiro ano da pandemia de covid-19. "A gente viveu um ano específico, bom para negócios e para a comunidade negra, em termos de visibilidade. [...] A gente cresceu em números, então queremos transformar isso em cifras." Infelizmente, casos extremamente emblemáticos ocorreram para que a comunicação antirracista alcançasse um reconhecimento momentâneo maior.

Importante destacar que existem, sim, outros portais e perfis que alcançam maior abrangência na população negra, mesclando informação com entretenimento, mas que não foram planejados por profissionais de comunicação diplomados. Aqui, mais uma vez, reforço a necessidade de respeitar as pessoas que produzem conteúdo, independentemente da "formalidade de um papel", como comunicadores comunitários, influenciadores, midiativistas periféricos, entre outros perfis. Menciono ainda mais um jornal sudestino. Desta vez, do Rio de Janeiro, por uma questão especial: a consciência de como a educação se conecta diretamente à comunicação.

Em 2020, convidei Thaís Bernardes, criadora do portal *Notícia Preta*, para realizar uma formação antirracista comigo.[79] Relembro essa história para me gabar de ter contribuído com a criação de um projeto político-pedagógico, a Escola de Comunicação Antirracista. É estratégico que, assim como Thaís, outros comunicadores que abordam comunicação e relações ergam espaços formativos para a reconstrução de imaginários. Volto a afirmar: comunicação é educação!

Aproveito este capítulo sobre mídias negras para mencionar alguns comunicadores antirracistas que entrevistei no *Café com Mídia*, no *Conexões Negras* ou em outras oportunidades e que, a partir de diferentes espaços, estão na linha de frente da comunicação antirracista no Brasil, à sua forma, territórios e estratégias: Ad Júnior, Alane Reis, Elaine Silva, Flávia Oliveira, Juliana César Nunes, Kelly Quirino, Manoel Soares, Pedro Caribé, Paulo Rogério, Rita Batista, Val Benvindo, Valéria Almeida e Viviane Ferreira.

7.2. COMUNICAÇÃO ANTIRRACISTA GERA INFLUÊNCIA

Sempre tive vergonha, talvez medo, de, ao publicar vídeos na internet, ser chamada de influenciadora. Como jornalista, o preconceito me dominava, e eu frequentemente desistia de fazer o conteúdo por achar que o termo "influencer" era algo menor. Tentei, aos poucos, superar essa questão. Afinal, toda e qualquer pessoa que comunica é comunicadora, e devemos respeitar essas vozes. A qualidade técnica e analítica pode ser embasada em uma perspectiva instrumental e protocolar, algo mais mãos à obra, do que a de alguém que tem o conhecimento técnico, teórico e ético. No entanto, isso não impede que essa pessoa seja produtora de conteúdo.

Hoje, compreendo como o acesso aos modos de produção nas plataformas digitais nos possibilitou, em nível global, uma diversidade de perspectivas que desafiam o monopólio de narrativas engessadas.[80] Como exemplo, cito as jovens negras que, entre as décadas de 2010 e 2020, pautaram questões estéticas no YouTube, falando sobre a indústria cosmética, de maquiagens a produtos capilares. Elas provocaram uma revolução estética ao abordarem, diariamente, o processo da transição capilar. O *big chop*, traduzido como o "grande corte", simbolizava o rompimento de meninas e mulheres negras com os padrões estéticos brancos.

Essa influência contribuiu para uma perspectiva cultural que impactou diretamente a naturalização da diversidade de mulheres negras na televisão e, em especial, no jornalismo. O cabelo também é uma tradução da liberdade de ser quem é. No entanto, quando a estética é construída por meio de comerciais e anúncios que exaltam a beleza de se parecer com pessoas brancas e seus cabelos esticados, isso se transforma em uma rotina árdua de manutenção de uma imagem estética que não é a própria. Imagem é também comunicação. A forma como nos apresentamos e somos assimilados é, como já dito neste livro, "estética política".

O curioso é que, nesse ir e vir de sentidos, foi a partir dos vídeos produzidos por influenciadoras negras – conscientes ou não de suas negritudes – que surgiu um crescente interesse entre jovens negras por acompanhar e produzir conteúdo sobre o tema na internet. Lanço dois questionamentos: seria resultado das políticas de ação afirmativa? Ou seria o impacto do crescimento das plataformas digitais, especialmente do YouTube? Não poderia responder a nenhuma dessas perguntas. No entanto, posso dizer que isso abriu portas para que mulheres negras começassem a questionar o que é certo e o que é errado em questões estéticas, ou se existe, de fato, um certo e um errado.

Gostaria de mencionar uma importante profissional dos bastidores da comunicação: a empresária Egnalda Cortês. Atuando na área de relações públicas, ela compreendeu a demanda da indústria cosmética e fez algo revolucionário para a recuperação dos sentidos sobre beleza negra e posicionamento de marca: colocar uma mulher negra retinta e de cabelo crespo, a influenciadora Gabriela Oliveira, conhecida como Gabi de Pretas, na propaganda de uma linha capilar de uma grande marca popular, a Seda. Mesmo que pouco tempo antes, a empresa já tivesse colocado a influenciadora Rayza Nicácio para estampar seus cremes de pentear, ela é uma mulher parda, com cabelo cacheado. E isso confirma que, similarmente ao título de uma obra de Angela Davis,[81] **influenciar por meio da comunicação antirracista é uma luta constante**.

A presença de Gabriela Oliveira foi algo novo e empolgante. Em uma entrevista concedida ao *Café com Mídia*, Egnalda Cortês destacou "o poder da história bem contada". Ou seja, sua estratégia, como sempre, foi atentar-se à forma como se comunica e com quem se comunica, buscando conexões profundas que impactam a percepção das pessoas. Para ela, a comunicação é um ato de afeto, uma preocupação genuína com o outro. Das contribuições, conectadas à perspectiva antirracista, que surgiram nessa entrevista destaco: a necessidade de se apropriar dos elementos da própria história para gerar empatia ao estabelecer comunicação com o outro, e traçar qual legado se deseja deixar para a posteridade.

Dessa forma, é fundamental o exercício diário de entender que o tempo, como já mencionamos, é agora. A forma como nos comunicamos impacta outras pessoas que têm outras culturas, círculos sociais, famílias, sentidos e modos de ser e estar no mundo.

"DE TODOS OS LUGARES QUE JÁ VISITEI
OS MAIS BONITOS SÃO
OS QUE EU RECONQUISTO
DENTRO DE MIM."

CÂNDIDA ANDRADE DE MORAES[82]

8. COMUNICAÇÃO ANTIRRACISTA NA PRÁTICA

8.1. PRÁTICAS PROFISSIONAIS COTIDIANAS

Para você que é profissional do jornalismo, relações públicas ou comunicador não diplomado, que atua como repórter em suas mídias comunitárias e independentes, a escolha das fontes é fundamental para o processo de escrita. Sempre que possível, ao elaborar as pautas e os temas para matérias, entrevistas, produções para seu canal audiovisual em uma plataforma digital, adote **em sua cobertura um olhar que contemple a diversidade**.

Por exemplo, ao falar sobre o número de pessoas que conseguiram uma bolsa de estudos para intercâmbio, não pressuponha que apenas pessoas brancas tiveram acesso a essa oportunidade. Seria recomendável considerar questões como: quantas pessoas foram aprovadas? Quantas delas são negras? Quantas são LGBTQIAPN+? E de quais regiões do Brasil elas vêm? Qual a principal razão para uma reprovação? Se aprovadas, elas contarão com apoio financeiro para se sustentarem por quanto tempo?

Esse mesmo cuidado deve ser observado caso você seja um profissional do campo da publicidade e propaganda, pensando na diversidade racial dos materiais produzidos, bem como dos profissionais contratados para a produção. É importante considerar perspectivas interseccionais ao retratar pessoas negras, levando em conta gênero, raça, geração, pessoas com deficiências. Considere que quanto mais detalhes você obtiver na construção do seu produto, mais possibilidades narrativas você terá, aumentando sua credibilidade junto ao público no aprofundamento das informações. Em vídeos ou textos curtos, utilize esse material para criar vários produtos e edições, gerando suítes[83] e potencializando o seu trabalho. Além disso, é crucial **refutar a perspectiva da violência e da criminalização da pobreza**. Esse não poder ser nem o primeiro nem o único caminho. Ao invés de seguir pela narrativa do crime, talvez fosse mais construtivo contar a história dos caminhos de vulnerabilidade social que empurraram essa pessoa a essa situação.

Se você é do campo das relações públicas, **é importante considerar a presença de pessoas negras nas listas VIPs e/ou convidá-las para todos os eventos**, não apenas aqueles com perspectiva racial. Para todos os comunicadores que, assim como jornalistas da mídia convencional, pautam suas mídias comunitárias e independentes – seja como redatores do jornal do bairro, locutores das rádios –, abordando assuntos de interesse geral ou mais nichados, é essencial evitar opiniões e percepções baseadas em crenças e moralismos, especialmente se o assunto é relacionado às religiões de matriz africana. Racismo religioso também é racismo e, consequentemente, um crime.

Não existem obviedades quando o assunto é comunicação antirracista. Até mesmo porque essa abordagem, no âmbito profissional, ainda não é considerada uma área relevante em empresas, organizações ou no campo da pesquisa. Infelizmente, a comunicação ainda não é vista como uma prioridade de forma contínua. Muitas vezes, os temas são abordados de maneira pontual, restritos a ações de divulgação de campanhas, eventos ou iniciativas específicas, apesar de estratégias de comunicação terem o poder de construir narrativas potentes capazes de alavancar ou derrubar governos, independentemente de sua linha política, e promover bons resultados e efeitos táticos em tempos de desinformação. Quando empresas ou instituições reconhecem a importância do investimento em comunicação com viés racializado, conseguem, de fato, alcançar objetivos e criar mudanças extraordinárias. Visto que essa abordagem atende às demandas de diversos setores, incluindo os ambientais, de saúde e culturais, entre outros.

Vale ressaltar que as questões raciais se tornaram um tema de extrema relevância, não apenas porque o mundo avançou em políticas de ações afirmativas e promoção da equidade racial, mas porque as pessoas compreenderam que a perpetuação do racismo resulta em perdas financeiras. Embora as desigualdades e a discriminação racial ainda permeiem diversas esferas das sociedades, tornou-se urgente, também do ponto de vista econômico, falar de grupos historicamente marginalizados, visto que eles representam boa parte do mercado. Trazer para a perspectiva financeira acaba por ser, também, uma estratégia para que as pessoas percebam, mesmo por uma óptica capitalista, o motivo pelo qual falar sobre racismo importa. Práticas discriminatórias, ou o não reconhecimento do enfrentamento destas – sejam elas explícitas ou sistêmicas –, podem resultar em ações judiciais, multas e sanções legais, bem como comprometer a reputação de uma organização ou empresa. Um crime que pesa no bolso das empresas e na idoneidade da marca institucional. **Por isso, reforço que a comunicação antirracista é, primordialmente, um desafio de construção, desconstrução e reconstrução de sentidos, não necessariamente nessa ordem,** que precisa ser contemplado por todas as pessoas, em todos os espaços.

8.2. PARA TODAS AS PESSOAS, EM TODOS OS LUGARES

Compartilho com você agora caminhos para estabelecer a comunicação antirracista na prática do dia a dia. Alguns podem parecer repetitivos, mas vale ressaltá-los novamente para que sejam considerados valores que todos devem adotar desde o princípio. Primeiro, quero falar com você, pessoa negra ou não. Em qualquer lugar e a todo momento, temos a oportunidade de agir com decência e de respeitar o próximo. Constantemente, reflito sobre como as pessoas não compreendem que estamos de passagem e que tudo é efêmero. A lógica de superioridade prejudica o desenvolvimento das pessoas, tanto do ponto de vista espiritual quanto físico.

Trago meu pai novamente como um grande exemplo. Independentemente do que acreditava sobre sua salvação, ele sempre respeitou o direito das pessoas de serem quem são. Lembro das eleições à presidência de 2018. Meu pai, apesar da sua religião, não tinha admiração por Bolsonaro e fez um registro fotográfico ao meu lado em apoio a Fernando Haddad, candidato do PT. Ele mostrou seu apoio segurando seu livro favorito: a Bíblia Sagrada. Com esse relato, quero demonstrar que **é possível sair de sua zona de conforto**, mesmo que essa zona não seja tão confortável assim, para respeitar pessoas negras e todos aqueles que são diferentes em crenças e valores. **Não existe uma única forma de ser negro**; há pessoas urbanas, rurais, de diferentes regiões e países. A beleza do mundo está na diversidade.

Indo do sagrado ao profano, gostaria de compartilhar uma publicação que elaborei sobre comunicação antirracista no Carnaval. Foi uma parceria entre o Instituto Commbne (Comunicação, Inovação, Raça e Etnia, 2024), fundado por mim e outros sete comunicadores, e a Secretaria de Comunicação do Município de Salvador. O guia apresentou alternativas considerando as gírias baianas, com a intenção de **não reproduzir palavras e expressões consideradas racistas**, cristalizadas na língua ou não. Assim, demonstrando a possibilidade de substituir expressões que desrespeitam, ofendem e podem ser consideradas criminosas. Por exemplo, para a expressão "a coisa tá preta", sugere-se o uso de "laranjada", uma expressão muito utilizada pela população baiana para se referir a situações de risco.

Além disso, a publicação mostrou que é fundamental evitar fantasias que remetam a corpos, estilos, cultura de pessoas negras e indígenas. Um dos episódios mais comuns é o *blackface*, um estilo de caricatura em que pessoas não negras pintam o rosto e o corpo de tinta preta para simular, de forma ridicularizante, pessoas negras. A publicação, intitulada "Não deixe o racismo estragar nossa folia" (2024), ensina: "***Blackface* é ofensa racial.** Abstenha-se de utilizar maquiagem que simule a mudança de cor da sua pele para representar diferentes etnias/raças".[84]

Para exercer uma comunicação antirracista, além de evitar expressões racistas no vocabulário, é crucial não associar pessoas negras a animais e não normalizar a sexualização de seus corpos.

É fundamental, ainda, **considerar as perspectivas interseccionais de gênero e raça**, garantindo que a diversidade e a pluralidade sejam refletidas em todo o conteúdo produzido. Dessa forma, deve-se evitar ideais eurocêntricos de beleza, promovendo representações que valorizem a autenticidade de cada indivíduo.

Outro caminho essencial é a ética na comunicação, **abstendo-se de opiniões e percepções baseadas em crenças, moralismo e viés religioso**. Lembre-se ainda de tratar com humanidade vítimas de violência, sem naturalizar a violência como parte da vida de pessoas negras e respeitando suas trajetórias. Historicamente, o Brasil não nos proporcionou a dignidade necessária para sermos reconhecidos como seres humanos plenos. Isso se reflete na normalização de diversas formas de violência e na vigilância sobre nossos corpos, como por meio de perfilamento racial e da instalação de câmeras para o policiamento. Além disso, ao tratarmos o medo como parte do nosso cotidiano, muitas vezes condenamos aqueles que estão em situação de pobreza. **Ser um comunicador antirracista exige um olhar apurado, sensibilidade e doses de indignação.** Não é possível promover a mudança sem se deslocar.

É extremamente importante conhecer as perspectivas territoriais e os costumes de pessoas negras em geral. Independentemente da intimidade que você tenha com elas, evite tocar o cabelo delas e não faça perguntas descontextualizadas em momentos inoportunos, como romantizar espaços empobrecidos onde elas possam viver. Não normalize situações em que uma pessoa negra é acusada de roubo, por exemplo, como a que ocorre frequentemente em supermercados,[85] pois isso pode resultar em violências graves, como linchamentos. Seja você o agente da mudança no espaço em que transita, mora e compartilha sua vida.

Assim como a jovem que registrou o crime sofrido por Floyd nos Estados Unidos, ou os abolicionistas negros no Brasil, defenda as pessoas negras. Não permita que sejam criminalizadas e fortaleça seu acesso a espaços de trabalho dignos, que não reforcem uma lógica na qual elas só podem alcançar um nível mínimo de seus sonhos. Reforce que uma pessoa negra pode ser o que quiser. Valorize a cultura negra e evite folclorizar roupas feitas com tecidos africanos ou outras referências identitárias. Não interrompa pessoas negras acreditando saber mais do que elas sobre as próprias histórias.

Não associe, a partir de uma ideologia política cristã, religiões de matriz africana à "adoração de demônios". Foque em construir vínculos com pessoas negras com base no respeito e na escuta. Reflita diariamente sobre o tipo de legado que deseja deixar para um mundo melhor. Compreenda que a comunicação no Brasil precisa de você como militante, pois nunca poderá ser um caminho para a promoção de direitos e o fortalecimento da democracia enquanto o racismo persistir, com todas as suas barreiras.

Reconheça pessoas negras como seres humanos! Elas não são mais resistentes à dor, não são mais fortes e não são menos inteligentes. Reconheça que pessoas brancas precisam reavaliar onde guardam seu racismo cotidiano e que pessoas negras não são racistas reversas. Quem é vítima não pode ser algoz. Afinal, responder às violências com frustração é uma condição de defesa. Entenda que a comunicação antirracista é uma luta coletiva. Toda e qualquer ação que você desenvolva não acontece pela sua fruição única. Portanto, você não constrói nada sozinho.

Mobilize-se! Vá às ruas, abrace as causas dos movimentos sociais que lutam pela garantia dos direitos das pessoas negras. Lute pela reconstrução de um novo pacto civilizatório, que combata conjuntamente o racismo, o sexismo, o machismo, a LGBTQIAPN+fobia, o capacitismo e o punitivismo. Seja um agente de mudança global. Descolonize-se!

Antes de chegar a um lugar ou território novo, com uma cultura diferente, pesquise. Evite ser alguém que reforça estereótipos. Essencialmente, não julgue. Compreenda que colocar a comunicação antirracista como prática cotidiana faz parte do processo reparatório para com pessoas afrodescendentes.

São muitas as possibilidades de estabelecer a comunicação antirracista no seu dia a dia, desde o consumo de literatura com perspectiva racial até estudos e produções audiovisuais criadas e produzidas por pessoas negras. No mundo corporativo, uma prática é a adoção de políticas afirmativas, como programas de recrutamento e promoção de talentos negros. Assim como não promover o silenciamento das vozes de pessoas negras, que têm o direito de contar suas próprias histórias. Lembre-se: a comunicação antirracista está em absolutamente tudo. Na maneira como nos posicionamos contra o racismo, no reconhecimento das histórias de pessoas negras, nos pequenos detalhes do tratamento às pessoas e no comportamento ético-político de humanizar pessoas historicamente objetificadas.

"É SOBRE O TOQUE NÃO MAIS MACHUCAR
E A DOR DO BANZO VIRAR CICATRIZ
SOBRE A URGÊNCIA DO AUTOCUIDAR
TAMBÉM SER LUTA
É SOBRE ABRAÇO, SOBRE PERTENCER
NOS DAR AFETO PRA FORTIFICAR
SOBRE SE OUVIR E SE FORTALECER
SER CHAVE PRA RESISTIR

SE SOMOS, SOU
RESISTE
SE SOMOS, SOU
PERSISTE
HERDAMOS LAÇOS QUE NOS FAZEM NÓS
NOSSO SONHAR, RESISTE"

"SOBRE NÓS", DE DRIK BARBOSA E RASHID

ÚLTIMAS CONSIDERAÇÕES, MAS É SÓ O COMEÇO

No processo de escrita deste livro, fui me perguntando qual seria o meu público. Profissionais de comunicação? Pessoas negras? Brancas? Jovens? E acabei entendendo que a minha escrevivência[86] pode tocar as pessoas de formas diferentes, a partir de sentidos muito pessoais. Ainda, e principalmente: o objetivo aqui é e sempre foi comunicar com toda e qualquer pessoa que esteja aberta para ser tocada pelo uso da comunicação para enfrentar o racismo.

Ao encerrar este livro, fica evidente que, para exercer uma comunicação antirracista, precisamos da profunda intersecção entre educação e comunicação. Para finalizar, trago minha relação com a memória e o legado de Milton Santos. Estudei na Escola Santa Terezinha, fundada pelos pais do geógrafo, na Estrada da Rainha.[87] Administrada ainda pela família, por uma prima dele, a escola funcionava como um acervo da sua memória. Ele, que, além de geógrafo, foi advogado e jornalista, era sempre tema de trabalho.

Eu sempre ficava intrigada sobre como aquele homem, da mesma região que eu, no entorno do bairro da Liberdade, chegou a ganhar um prêmio que se equipara ao Nobel! Ver as fotos da família e dos eventos nas paredes da pequena escola gerava em mim curiosidade. Era através da produção de sentido presente ali que entendia que, talvez, eu pudesse ser como aquele homem, que, assim como eu, era um Santos. Mal sabia que aquela escola, que hoje não existe mais, me formava e me preparava para sonhar. Com aqueles registros, cotidianamente, a escola me dizia: "É possível. Sim, você pode ser jornalista, advogada ou geógrafa". Esse autoconhecimento não tem volta.

A todas as pessoas que chegaram até aqui, obrigada. Àquelas que, por motivos distintos, decidiram, a partir desta leitura, encontrar sua própria fórmula para exercer a comunicação antirracista, aplausos! Que estas páginas finais cheguem a você como um abraço. Espero que esta obra tenha sido um afago também no coração dos comunicadores na ativa, sejam jornalistas, publicitários, relações públicas, designers, marketeiros, influencers, midiativistas, diplomados ou não.

No início da minha carreira, recebi meu primeiro abraço temático de Rosane Borges, organizadora do livro *Mídia e racismo*, e, depois, de Rachel Quintiliano, minha primeira mentora em comunicação. Trago essas referências para reforçar que a comunicação antirracista, com recorte racial voltado às questões vivenciadas por pessoas afro-brasileiras, é o exercício de uma ética comportamental em relação à população negra. Lembre-se: o conceito não reforça preconceitos, estigmas, punitivismo, proibicionismo ou capacitismo. É um compromisso ético-político, uma transgressão heroica, de contranarrativa que sobrevive através das batalhas diárias dos sentidos, para garantir às pessoas negras o respeito, a valorização da memória e a não banalização das diversas formas de violência que enfrentam.

Resistamos! Ubuntu.

NOTAS DE FIM

[1] FREITAS, Henrique. Poema "Tukula" – Lande Onawale: a literatura-terreiro como caminho. In: ONAWALE, Lande. *Pretices e milongas*. Salvador: Organismo Editora, 2019.

[2] Ao cobrar o valor dos aluguéis das fitas de vídeo da locadora, da qual era proprietário, ou das fitas da sua loja de videogames, meu pai costumava dizer: "cadê o bambá?". Alternando, vez ou outra, para "bufunfa". Ambas as expressões eram, para ele, sinônimos de "dinheiro".

[3] Saudação ao orixá Ogum.

[4] Saudação ao orixá Exu.

[5] Seu falecimento foi ocasionado por um câncer de pulmão, mesmo tendo parado de fumar havia mais de 15 anos.

[6] Série dramática norte-americana, ambientada em um hospital, no ar há quase vinte anos.

[7] Secretaria de Saúde do Estado da Bahia. Bairros de abrangência por Distritos Sanitários – Rede Cegonha. *Divisões administrativas territoriais para organizar os serviços de saúde*. Disponível em: https://www.saude.ba.gov.br/atencao-a-saude/comofuncionaosus/redes-de-atencao-a-saude/bairros-de-abrangencia-por-distritos-sanitarios-rede-cegonha/. Acesso em: 12 out. 2024.

[8] SANTOS, Milton. O dinheiro e o território. *In*: MILTON, M. et al. (orgs.). *Território, territórios*: ensaio sobre o ordenamento territorial. Rio de Janeiro: Lamparina, 2011. p. 13-21.

[9] A expressão jornalística refere-se a elementos que despertam a curiosidade e a atenção dos leitores.

[10] CAMPOS com grama sintética são inaugurados nos bairros de Brotas e IAPI. *Correio 24 horas*, Salvador, 21 jul. 2024. Disponível em: https://www.correio24horas.com.br/minha-bahia/campos-com-grama-sintetica-sao-inaugurados-nos-bairros-de-brotas-e-iapi-0724. Acesso em: 12 out. 2024.

[11] Do inglês *video jockey*, o VJ era o apresentador dos programas da emissora.

[12] Recentemente, fui acionada por uma professora chamada Claudiane Oliveira para apoiar, como militante, uma denúncia contra o não cumprimento da Lei de cotas raciais em um concurso público da Universidade Federal da Bahia (UFBA). Em diálogo com o marido da candidata negra que perdeu a vaga, estabelecemos uma estratégia para disseminar a informação com o apoio de comunicadores negros, o que gerou repercussão nacional. A matéria está disponível em: https://oglobo.globo.com/brasil/noticia/2024/09/03/candidata-negra-perde-vaga-para-docente-na-ufba-apos-medica-branca-entrar-com-acao-contra-cotas.ghtml. Acesso em: 12 out. 2024.

[13] Aqui utilizo "não negras" para subverter as recorrentes referências ao conceito "não brancos", que frequentemente normaliza e normatiza a branquitude. Refletir sobre a racialização é um exercício que deve envolver todos e todas.

[14] Filosofia africana que significa "sou porque nós somos".

[15] BAHIA. Lema da bandeira da Revolta dos Búzios (1798). *Heróis negros do Brasil: Bahia, 1798, a Revolta dos Búzios*. Secretaria da Cultura, Fundação Pedro Calmon. Dispo-

nível em: http://200.187.16.144:8080/jspui/bitstream/bv2julho/240/3/Cartilha%20Her%C3%B3is%20Negros%20do%20Brasil.pdf. Acesso em: 12 out. 2024.

[16] Outros tipos de comunicação estão sendo pesquisados, como a comunicação digital, que envolve linguagens e expressões características ainda recentes, mas que vieram para ficar, como os memes.

[17] HALL, Stuart. Codificação/decodificação. *In:* SOVIK, Liv (org.). *Da diáspora*: identidades e mediações culturais. Belo Horizonte: UFMG, 2003, p. 365-80. Stuart Hall foi um teórico cultural e sociólogo britânico-jamaicano.

[18] *Griots* africanos compartilham pela oralidade ensinamentos para a preservação do conhecimento, assim como a manutenção da recepção da escuta, do perceber, do sentir, do respirar o tempo.

[19] SILVA, Pedro Henrique. Mãe Stella de Oxóssi – E daí aconteceu o encanto/Òsósi, o caçador de alegrias. *Literafro*, 21 set. 2018. Disponível em: http://www.letras.ufmg.br/literafro/resenhas/ficcao/83-mae-stella-de-ososi. Acesso em: 25 nov. 2024.

[20] MATRIX. Direção e roteiro de Andy Wachowski e Larry Wachowski. Produção de Joel Silver. Califórnia: Warner Bros, 1999. (136 min).

[21] São nomes importantes do pan-africanismo: Marcus Garvey, defensor do nacionalismo negro; Kwame Nkrumah, primeiro presidente de Gana; Amy Jacques Garvey, que apoiou a causa pan-africanista; Wangari

Maathai, ativista ambiental e Nobel da Paz; entre outros. O ativista Nelson Mandela também compartilhava ideais pan-africanos.

[22] Militantes e acadêmicos têm, em formato de oposição ao racismo linguístico, subvertido a norma semântica das palavras para enaltecer as narrativas negras.

[23] MATTOS, Florisvaldo. *A comunicação social na Revolução dos Alfaiates*. 3. ed. Salvador: Assembleia Legislativa do Estado da Bahia, 2018.

[24] Maíra Azevedo, antes de se tornar atriz e influenciadora, era uma das poucas jornalistas negras baianas que cobriam pautas raciais em periódicos. Ao se dividir entre os trabalhos de repórter em um impresso baiano e ser assessora de um vereador, ela construía, em seus textos, narrativas que alinhavavam a comunicação antirracista às pautas políticas. Sob a liderança de Cleidiana Ramos, ela escrevia os cadernos especiais sobre o novembro negro.

[25] BENTO, Maria Aparecida Silva. Branquitude e poder: A questão das cotas para negros. *In*: SANTOS, Sales Augusto dos (org.). *Ações afirmativas e combate ao racismo nas Américas*. Brasília: Ministério da Educação, Secretaria de Educação Continuada, Alfabetização e Diversidade, 2005. Disponível em: https://etnicoracial.mec.gov.br/images/pdf/publicacoes/acoes_afirm_combate_racismo_americas.pdf. Acesso em: 15 out. 2024.

[26] RIBEIRO, Djamila. *O que é lugar de fala?* Belo Horizonte: Letramento, 2017.

[27] AMARAL, Márcia Franz. Lugares de fala: um conceito para abordar o segmento popular da grande imprensa. *Dossiê histórias e teorias do jornalismo*. Rio de Janeiro, Contracampo, n. 12, 1º sem. 2005, Disponível em: https://doi.org/10.22409/contracampo.v0i12.561. Acesso em: 15 out. 2024.

[28] Iniciativa para orientar pessoas negras a conseguirem acesso à pós-graduação.

[29] O Bem Viver é uma visão e um conceito indígena que valoriza a convivência equilibrada e solidária entre os seres e a natureza, em oposição ao ideal capitalista de competição e consumo.

[30] ENTREVISTA com Ana Flávia Magalhães Pinto. Programa Café com Mídia. Disponível em: https://www.instagram.com/tv/CBbSfQGlfID/?igsh=Y3k1ZDh2Zm9pamt2. Acesso em: 28 out. 2024.

[31] CARNEIRO, Sueli; LUISE, Karen; OLIVEIRA, Nathália; RIBEIRO, Dudu. Sete aspectos da abolição inconclusa na visão de quatro lideranças negras. *Ibirapitanga*, 31 maio 2021. Disponível em: https://www.ibirapitanga.org.br/historias/sete-aspectos-da-abolicao-inconclusa-na-visao-de-quatro-liderancas-negras/. Acesso em: 25 nov. 2024.

[32] NASCIMENTO, Douglas. Os repugnantes anúncios de escravos em jornais do século 19. *São Paulo Antiga*, 5 jul. 2013. Disponível em: https://saopauloantiga.com.br/anuncios-de-escravos/. Acesso em: 19 out. 2024.

[33] Alforria é uma palavra de origem árabe que significa "liberdade".

[34] CHAUI, Marilena. *Cultura e democracia*. 2. ed. Salvador: Secretaria de Cultura do Estado da Bahia, Fundação Pedro Calmon, 2009.

[35] CARINE, Bárbara. *Como ser um educador antirracista*. São Paulo: Planeta, 2023. p. 20.

[36] SANTANA, Midiã Noelle Santos de. *Griots* do nosso tempo: comunicadoras negras contra o cis-heteropatriarcado no Brasil. *ONG Criola*. Rio de Janeiro, 2024.

[37] PINTO, Ana Flávia Magalhães. *Escritos de liberdade*: literatos negros, racismo e cidadania no Brasil oitocentista. Campinas: Editora da UNICAMP, 2018.

[38] PINTO, Ana Flávia Magalhães. *Imprensa negra no Brasil do século XIX*. São Paulo: Selo Negro, 2010.

[39] FLAUZINA, Ana Luiza Pinheiro. *Corpo negro caído no chão*: o sistema penal e o projeto genocida do estado brasileiro. 2006. Dissertação (Mestrado em Direito) – Faculdade de Direito, Universidade de Brasília, Brasília, 2006.

[40] ENTREVISTA com Ana Flávia Magalhães Pinto. Programa Café com Mídia. Disponível em: https://www.instagram.com/tv/CBbSfQGIfID/?igsh=Y3k1ZDh2Zm9pamt2. Acesso em: 28 out. 2024.

[41] *Idem*.

[42] *Idem*.

[43] *Idem*.

[44] ARRAES, Jarid. O verdadeiro rosto de Maria Firmina dos Reis. *Blog Jarid Arraes*. Disponível em: https://jaridarraes.com/o-verdadeiro-rosto-de-maria-firmina-dos-reis/. Acesso em: 25 nov. 2024.

[45] ENTREVISTA com Ana Flávia Magalhães Pinto. Programa Café com Mídia. Disponível em: https://www.instagram.com/tv/CBbSfQGlflD/?igsh=Y3k1ZDh2Zm9pamt2. Acesso em: 28 out. 2024.

[46] "O antipunitivismo [tem surgido] como um contramovimento às tendências coercitivas do Estado. Os antipunitivismos podem ser descritos como aqueles que não acreditam na punição como medida eficiente para combater as mazelas sociais e defendem a eliminação das prisões e do sistema prisional." FERREIRA, Andre Henrique Arreguy; VASCONCELOS, Lara Pontes Nogueira. Saiba o que é antipunitivismo. *Politize!*, 7 mar. 2023. Disponível em: https://www.politize.com.br/antipunitivismo/. Acesso em: 25 nov. 2024.

[47] FENAJ. Código de Ética dos Jornalistas Brasileiros. Disponível em: https://fenaj.org.br/codigo-de-etica-dos-jornalistas-brasileiros/. Acesso em: 28 out. 2024.

[48] BAHIA (Estado). Governo do Estado da Bahia. Programa Corre Pro Abraço – Ação de redução de riscos e danos para populações vulneráveis do Governo do Estado da Bahia. Disponível em: https://corraproabraco.ba.gov.br/. Acesso em: 25 nov. 2024.

[49] KILOMBA, Grada. *Memórias da plantação*: episódios de racismo. Rio de Janeiro: Cobogó, 2019.

[50] Texto obituário em celebração à memória do redutor de danos Alan da Silva. *Corra pro Abraço*, 8 dez. 2022. Disponível em: https://www.facebook.com/corraproabraco/posts/o-programa-corra-pro-abra%C3%A7o-da-secretaria-de-justi%C3%A7a-direitos-humanos-e-desenvol/2995928333885655. Acesso em: 20 out. 2024.

[51] SAAD, Luísa. *Fumo negro*: a criminalização da maconha no pós-abolição. Bahia, EDUFBA, 2019.

[52] SANTOS, Richard. *Maioria minorizada*: um dispositivo analítico de racialidade. Rio de Janeiro: Telha, 2020.

[53] Nascida em Manaus, com família originária em Barbados, Wanda Chase foi a responsável pelos programas culturais que passavam nos finais de semana em afiliada da Rede Globo na Bahia. Sua autenticidade brilhava nos diálogos desconstruídos e descontraídos com os artistas baianos, que sempre a reverenciavam e respeitavam. Ela era o símbolo da elegância afrocentrada, nunca alisou o cabelo, sempre no estilo curto e crespo, nem deixou de usar roupas e batons de cores fortes, ou diminuiu seu sorriso largo para seguir um padrão visual "pastoso", mesmo que isso significasse receber olhares questionadores. Tive a sorte de tê-la na banca de avaliação do meu projeto de conclusão de curso na faculdade e, depois, me tornar sua colega no grupo de comunicação.

[54] Projeto, em parceria com o Ministério da Saúde, que fornece ferramentas equitativas, com foco na saúde e na ação municipal, para que a população consiga avaliar e monitorar as melhores formas de prevenir o racismo institucional. Para mais informações: https://www.saude.sp.gov.br/resources/ses/perfil/profissional-da-saude/

grupo-tecnico-de-acoes-estrategicas-gtae/saude-da-populacao-negra/artigos-e-teses/boletim_eletronico_marabr_-_2005.pdf. Acesso em: 21 out. 2024.

[55] BARRETO, Jaqueline; LEAL, Deraldo; SANTANA, Midiã Noelle. *RG Quilombola*. Unisba, 2010. Disponível em: https://www.youtube.com/watch?v=aRwK-n-yh04&t=1015s. Acesso em: 21 out. 2024.

[56] Sete anos depois, minha mãe revelou que foi na comunidade de Cachoeira que minha avó havia nascido. A ancestralidade me chamava para registrar, por meio do audiovisual, o nosso tempo. Para mim, mais uma prova de que a comunicação é uma ferramenta herdada ancestralmente. Isso reforça a necessidade de preservar nossas histórias familiares, fragilizadas ao longo de tantos anos. Uma fotografia, um vídeo, são documentos, passagens no tempo. Não devemos subestimar a força da comunicação.

[57] ALVES, Alê. Angela Davis: "Quando a mulher negra se movimenta, toda a estrutura da sociedade se movimenta com ela". *El País*, 27 jul. 2017. Disponível em: https://brasil.elpais.com/brasil/2017/07/27/politica/1501114503_610956.html. Acesso em: 25 nov. 2024.

[58] Em 2002, Alyne da Silva Pimentel Teixeira, uma mulher negra de 28 anos, no 6º mês de gestação, buscou assistência na rede pública em Belford Roxo (RJ) com náusea e fortes dores abdominais. Ela recebeu analgésicos e foi liberada para voltar para casa. Não tendo melhorado, retornou ao hospital, quando então foi constatada a morte do feto. Após horas de espera, Alyne foi submetida a uma cirurgia para retirada dos restos da placenta. Ao ser transferida para um hospital de outro

município, devido ao agravamento do quadro, a jovem aguardou por várias horas no corredor do hospital por falta de leito na emergência, e acabou falecendo. Seu caso foi apresentado à Convenção sobre a Eliminação de Todas as Formas de Discriminação contra as Mulheres (Cedaw), órgão ligado à ONU, que determinou que o Estado brasileiro indenizasse a família de Alyne Teixeira e apresentou recomendações a serem adotadas no serviço público de saúde para melhorias no atendimento de gestantes. ENTENDA o caso Alyne. Agência Senado, 14 nov. 2013. Disponível em: https://www12.senado.leg.br/noticias/materias/2013/11/14/entenda-o-caso-alyne. Acesso em: 31 out. 2024.

[59] Antes mesmo de estourar como tombadora (a expressão "tombar" me remete à queda, a ser desestabilizada, e por isso não me agrada), eu já escutava as músicas de Conká em alto volume e me emocionava com elas. Ainda era estudante de jornalismo quando escutei seu som em um seminário sobre cultura hip-hop, ao lado do DJ Branco, figura importante da comunicação negra radiofônica de Salvador, e de Jussara Santana, produtora cultural renomada e símbolo de reggae music e da cultura rastafari na Bahia.

[60] SANTANA, Midiã Noelle Santos de. BBB 21: desserviço e contribuição ao ódio racial. *Perifaconnection*. Disponível em: https://www.geledes.org.br/bbb-21-desservico-e-contribuicao-ao-odio-racial/. Acesso em: 22 out. 2024.

[61] "O antiproibicionismo é um paradigma político que, como o nome sugere, defende a legalização das drogas tornadas ilícitas partindo do pressuposto de que os danos maiores são causados pela própria proibição.

O paradigma defende ainda a necessidade de que o tema da droga seja debatido de forma mais ampla, sem premissas religiosas, morais e jurídicas." VIANA, Suellen Coelho. *Redução de danos e antiproibicionismo*: conexões possíveis entre cuidado e política. Trabalho monográfico de conclusão de curso (Graduação em Psicologia). Universidade Federal Fluminense. Instituto de Humanidades e Saúde, 2016.

[62] O *Agora é Ela* foi um movimento que surgiu como resposta ao *Eu Quero Ela*, idealizado quase por completo por um grupo de homens do movimento negro de Salvador, que se intitulavam a "Bancada do Feijão", em referência ao restaurante da ancestral Alaíde do Feijão, onde se reuniam religiosamente.

[63] Para saber mais: https://portal.stf.jus.br/textos/verTexto.asp?servico=sobreStfConhecaStfHistorico. Acesso em: 25 nov. 2024.

[64] Além de fortalecer outras juristas negras, como Adriana Cruz, Manuellita Hermes, Lívia Vaz, Lucineia Rosa e Mônica de Melo, que se tornaram referência nas discussões sobre o enegrecimento do Judiciário.

[65] LULA é recebido na Índia com outdoors que pedem ministra negra e progressista no STF. *Folha de S.Paulo*, 8 set. 2023. Disponível em: https://www1.folha.uol.com.br/colunas/painel/2023/09/lula-sera-recebido-na-india-com-outdoors-que-pedem-ministra-negra-e-progressista-no-stf.shtml. Acesso em: 25 nov. 2024.

[66] NASCIMENTO, Abdias. *O Brasil na mira do pan-africanismo*. Salvador: EDUFBA, 2002.

[67] SODRÉ, Muniz. Sobre a imprensa negra. *Lumina*. FACOM/UFJF, v. 1, n. 1, p. 23-32, jul./dez. 1998. Disponível em: https://leccufrj.wordpress.com/wp-content/uploads/2008/10/sodre-muniz_sobre-a-imprensa-negra.pdf. Acesso em: 4 out. 2024.

[68] PORTELA, Poema; SÁ, Izabele; FERES JÚNIOR, João; LEMOS, Fernanda; MINA, João Pedro. Raça, gênero e imprensa: quem escreve nos principais jornais do Brasil? Grupo de Estudos Multidisciplinares da Ação Afirmativa. Rio de Janeiro: Universidade do Estado do Rio de Janeiro: 2023. Disponível em: https://gemaa.iesp.uerj.br/wp-content/uploads/2023/06/TD-Raca-e-Midia.pdf. Acesso em: 26 nov. 2024.

[69] BRASIL. Senado Federal. *Estatuto da Igualdade Racial e normas correlatas*. Brasília, DF: Senado Federal, Coordenação de Edições Técnicas, 2021. Disponível em: https://www2.senado.leg.br/bdsf/bitstream/handle/id/589163/Estatuto_igualdade_racial_normas_correlatas.pdf. Acesso em: 26 nov. 2024.

[70] Lei que estabelece as diretrizes e bases da educação nacional, para incluir no currículo oficial da rede de ensino a obrigatoriedade da temática "História e Cultura Afro-Brasileira". Disponível em: https://www.planalto.gov.br/ccivil_03/LEIS/2003/L10.639.htm. Acesso em: 25 set. 2024.

[71] Altera a Lei n. 9.394, de 20 de dezembro de 1996, modificada pela Lei n. 10.639, de 9 de janeiro de 2003, que estabelece as diretrizes e bases da educação nacional, para incluir no currículo oficial da rede de ensino a obrigatoriedade da temática "História e Cultura Afro-Brasileira e Indígena". Disponível em: https://www.

planalto.gov.br/ccivil_03/_ato2007-2010/2008/lei/l11645.htm. Acesso em: 25 set. 2024.

[72] BRASIL. Decreto n. 11.787, de 20 de novembro de 2023. Institui Grupo de Trabalho Interministerial com a finalidade de elaborar proposta do Plano de Comunicação pela Igualdade Racial na Administração Pública Federal. *Diário Oficial da União*, ed. 2020, seção 1, 2023.

[73] PEREIRA, Daiane da Fonseca. Letramento racial no contexto brasileiro de pesquisa. XII COPENE 2022, Discurso, Raça e a luta na linguagem pela democracia. Disponível em: file:///C:/Users/ufsl5a/Downloads/Letramento%20racial%20no%20contexto%20brasileiro%20de%20pesquisa.pdf. Acesso em: 26 nov. 2024.

[74] BRASIL. Governo Federal. Secretaria de Comunicação Social. Estratégia Brasileira de Educação Midiática, 2023. Disponível em: https://www.gov.br/secom/pt-br/arquivos/2023_secom-spdigi_estrategia-brasileira-de-educacao-midiatica.pdf. Acesso em: 26 nov. 2024.

[75] Coordenação Nacional de Articulação das Comunidades Negras Rurais Quilombolas. Quilombolas Contra Racistas. Disponível em: https://quilombolascontraracistas.org.br/realizacao/. Acesso em: 26 nov. 2024.

[76] Escritor e sociólogo nascido em Salvador, formado pela UFBA. O poema está presente na publicação: *Cadernos Negros*, v. 33, Poemas Afro-Brasileiros.

[77] Publicações que incitavam a revolução e defendiam o fim da monarquia, criticavam as desigualdades sociais e pediam liberdade sem distinção de cor, além da independência do Brasil.

[78] Existem muitos Brasis na produção de comunicação afro-brasileira, ou seja, trata-se de uma comunicação que considera os aspectos da população negra a partir de uma lógica de enfrentamento ao racismo e promoção de direitos dessas pessoas, reconhecendo sua diversidade étnico-racial. A forma de produzir comunicação negra no Brasil é, portanto, diversa, utilizando elementos de diversas culturas populares de diferentes territórios, com métodos específicos, tanto individuais quanto coletivos, além de dimensões sociais, econômicas e interseccionalidades relacionadas, entre outros aspectos.

[79] MEDEIROS, Larissa. Antirracismo: curso debate estratégias para eliminar estereótipos na comunicação. *O Globo*, 26 out. 2020. Disponível em: https://oglobo.globo.com/celina/antirracismo-curso-debate-estrategias-para-eliminar-estereotipos-na-comunicacao-24713224 Acesso em: 27 out. 2020.

[80] Apesar disso, sei que estas plataformas são, muitas vezes, empresas de tecnologia disfarçadas de empresas de comunicação – como a Meta –, e apresentam restrições e controles que limitam a liberdade, além de afunilar as perspectivas através de algoritmos, condicionando nosso consumo. Portanto, não são tão democráticas ou justas, e definitivamente não operam em uma lógica livre e democrática.

[81] Referência ao livro *A liberdade é uma luta constante*, de Angela Davis, lançado pela editora Boitempo em 2018.

[82] "Poesia Orí", extraído do livro *Mulher raio*, da poetisa, escritora, pedagoga, mestra e doutora em educação Candida Andrade de Moraes.

[83] No campo da comunicação, suítes são os desdobramentos de uma informação, notícia, produto.

[84] PREFEITURA lança cartilha de combate ao racismo com orientações para foliões. *Agência de Notícias*, 13 fev. 2024. Disponível em: https://agenciadenoticias.salvador.ba.gov.br/index.php/en/59-carnaval/24049-prefeitura-lanca-cartilha-de-combate-ao-racismo-com-orientacoes-para-folioes. Acesso em: 25 nov. 2024.

[85] BRAUN, Julia. 3 fatores que explicam repetição de violência contra negros em mercados no Brasil. *BBC Brasil*, 9 maio 2023. Disponível em: https://www.bbc.com/portuguese/articles/ce9xxyn2kx2o#:~:text=Segundo%20eles%2C%20al%C3%A9m%20da%20realidade,tamb%C3%A9m%20colaboram%20para%20o%20cen%C3%A1rio. Acesso em: 25 nov. 2024.

[86] Conceito da professora e linguista Conceição Evaristo que considera a importância da vivência das experiências no processo da escrita.

[87] SILVA, Maria Auxiliadora da. Milton Santos: a trajetória de um mestre. *In*: El ciudadano, la globalización y la geografía. Homenaje a Milton Santos. *Scripta Nova*, Revista electrónica de geografía y ciencias sociales, Universidad de Barcelona, v. VI, n. 124, 30 de septiembre de 2002. Disponível em: http://www.ub.es/geocrit/sn/sn-124.htm. Acesso em: 25 nov. 2024.

MÚSICAS CITADAS
NO LIVRO

A bola da vez. Interpretada por Ilê Aiyê. Escrita por Joccylee e Toinho do Vale.

AmarElo (Sample: Sujeito de sorte, de Belchior). Interpretada por Emicida, Majur e Pabllo Vittar. Escrita por DJ Duh, Emicida e Felipe Vassão. Produzida por Felipe Vassão. Fonte: Sony Music Entertainment.

Da lama ao caos. Interpretada por Chico Science e Nação Zumbi. Escrita por Chico Science. Produzida por Ronaldo Viana. Fonte: Chaos.

Ponta de lança (verso livre). Interpretada por Rincon Sapiência. Composta por Rincon Sapiência. Fonte: Boia Fria Produções.

Rep. Interpretada por Bugge Wesseltoft, Gilberto Gil, Marlui Miranda, Rodolfo Stroeter, Toninho Ferragutti e Trilok Gurtu. Composta por Gilberto Gil. Fonte: Pau Brasil [dist. Tratore].

Sobre nós. Interpretada por Drik Barbosa e Rashid. Composta por Damien Seth, Drik Barbosa, Marissol Mwaba e Rashid. Produzida por Damien Seth. Fonte: Laboratório Fantasma.

Todos os olhos em nóiz – Ao Vivo. Interpretada por Emicida e Karol Conká. Composta por DJ Duh, Emicida e Karol Conká. Fonte: Laboratório Fantasma.

REFERÊNCIAS BIBLIOGRÁFICAS

ALVES, Alê. Angela Davis: "Quando a mulher negra se movimenta, toda a estrutura da sociedade se movimenta com ela". *El País*, 27 jul. 2017. Disponível em: https://brasil.elpais.com/brasil/2017/07/27/politica/1501114503_610956.html. Acesso em: 25 nov. 2024.

AMARAL, Márcia Franz. Lugares de fala: um conceito para abordar o segmento popular da grande imprensa. *Dossiê histórias e teorias do jornalismo*. Rio de Janeiro: Contracampo, n. 12, 1º sem. 2005. Disponível em: https://doi.org/10.22409/contracampo.v0i12.561. Acesso em: 15 out. 2024.

ARRAES, Jarid. O verdadeiro rosto de Maria Firmina dos Reis. *Blog Jarid Arraes*. Disponível em: https://jaridarraes.com/o-verdadeiro-rosto-de-maria-firmina-dos-reis/. Acesso em: 25 nov. 2024.

BAGNO, Marcos. *Preconceito linguístico:* O que é, como se faz. 64. ed. São Paulo: Loyola, 1999.

BAHIA (Estado). Governo do Estado da Bahia. Programa Corre Pro Abraço – Ação de redução de riscos e danos para populações vulneráveis do Governo do Estado da Bahia. Disponível em: https://corraproabraco.ba.gov.br/. Acesso em: 25 nov. 2024.

BAHIA (Estado). Heróis negros do Brasil: Bahia, 1798, a Revolta dos Búzios. *Cartilha Heróis Negros do Brasil*. Bahia, 1978. A Revolta dos Búzios. Secretaria da Cultura, Fundação Pedro Calmon. Disponível em: https://www.yumpu.com/pt/document/view/12472381/cartilha-herois-negros-do-brasil. Acesso em: 28 out. 2024.

BARRETO, Jaqueline; LEAL, Deraldo; SANTANA, Midiã Noelle. *RG Quilombola*. 1 vídeo (26 min). Faculdade Social da Bahia, 2010. Disponível em: https://www.youtube.com/watch?v=aRwK-n-yh04&t=1015s. Acesso em: 21 out. 2024.

BENTO, Maria Aparecida Silva. Branquitude e poder: A questão das cotas para negros. *In*: SANTOS, Sales Augusto dos (org.). *Ações afirmativas e combate ao racismo nas Américas*. Brasília: Ministério da Educação, Secretaria de Educação Continuada, Alfabetização e Diversidade, 2005. Disponível em: https://etnicoracial.mec.gov.br/images/pdf/publicacoes/acoes_afirm_combate_racismo_americas.pdf. Acesso em: 15 out. 2024.

BORGES, Roberto Carlos da Silva; BORGES, Rosane (orgs.). *Mídia e racismo*. Petrópolis, RJ: DP et al.; Brasília, DF: ABPN, 2012.

BRASIL. Decreto n. 11.787, de 20 de novembro de 2023. Institui Grupo de Trabalho Interministerial com a finalidade de elaborar proposta do Plano de Comunicação pela Igualdade Racial na Administração Pública Federal. *Diário Oficial da União*, ed. 2020, seção 1, 2023.

BRASIL. Governo Federal. Secretaria de Comunicação Social. Estratégia Brasileira de Educação Midiática, 2023. Disponível em: https://www.gov.br/secom/pt-br/arquivos/2023_secom-spdigi_estrategia-brasileira-de-educacao-midiatica.pdf. Acesso em: 26 nov. 2024.

BRASIL. Lei n. 10.639, de 9 de janeiro de 2003. Disponível em: https://legislacao.presidencia.gov.br/ficha?/legisla/legislacao.nsf/Viw_Identificacao/lei%210.639-2003&OpenDocument. Acesso em: 28 out. 2024.

BRASIL. Lei n. 11.645, de 10 de março de 2008. Disponível em: https://legislacao.presidencia.gov.br/atos/?tipo=LEI&numero=11645&ano=2008&ato=dc6QTS61UNRpWTcd2. Acesso em: 28 out. 2024.

BRASIL. Plano de Comunicação pela Igualdade Racial na Administração Pública Federal. Brasília: SECOM, 2023. Disponível em: https://www.gov.br/igualdaderacial/pt-br/assuntos/gti-comunicacao-antirracista. Acesso em: 28 out. 2024.

BRASIL. Senado Federal. *Estatuto da Igualdade Racial e normas correlatas*. Brasília, DF: Senado Federal, Coordenação de Edições Técnicas, 2021. Disponível em: https://www2.senado.leg.br/bdsf/bitstream/handle/id/589163/Estatuto_igualdade_racial_normas_correlatas.pdf. Acesso em: 26 nov. 2024.

BRAUN, Julia. 3 fatores que explicam repetição de violência contra negros em mercados no Brasil. *BBC Brasil*, 9 maio 2023. Disponível em: https://www.bbc.com/portuguese/articles/ce9xxyn2kx2o#:~:text=Segundo%20eles%2C%20al%C3%A9m%20da%20realidade,tamb%C3%A9m%20colaboram%20para%20o%20cen%C3%A1rio. Acesso em: 25 nov. 2024.

CAMPOS com grama sintética são inaugurados nos bairros de Brotas e IAPI. *Correio 24 horas*, Salvador, 21 jul. 2024. Disponível em: https://www.correio24horas.com.br/minha-bahia/campos-com-grama-sintetica-sao-inaugurados-nos-bairros-de-brotas-e-iapi-0724. Acesso em: 28 out. 2024.

CARINE, Bárbara. *Como ser um educador antirracista*. São Paulo: Planeta, 2023.

CARNEIRO, Sueli; LUISE, Karen; OLIVEIRA, Nathália; RIBEIRO, Dudu. Sete aspectos da abolição inconclusa na visão de quatro lideranças negras. *Ibirapitanga*, 31 maio 2021. Disponível em: https://www.ibirapitanga.org.br/historias/sete-aspectos-da-abolicao-inconclusa-na-visao-de-quatro-liderancas-negras/. Acesso em: 25 nov. 2024.

CHAUI, Marilena. *Cultura e democracia*. 2. ed. Salvador: Secretaria de Cultura do Estado da Bahia, Fundação Pedro Calmon, 2009.

COORDENAÇÃO NACIONAL DE ARTICULAÇÃO DAS COMUNIDADES NEGRAS RURAIS QUILOMBOLAS. Quilombolas Contra Racistas. Disponível em: https://quilombolascontraracistas.org.br/realizacao/. Acesso em: 26 nov. 2024.

DAVIS, Angela. *A liberdade é uma luta constante*. São Paulo: Boitempo, 2018.

DIAS, Pâmela. Candidata negra perde vaga para docente na UFBA após médica branca entrar com ação contra cotas. *O Globo*, 29 out. 2024, Disponível em: https://oglobo.globo.com/brasil/noticia/2024/09/03/candidata-negra-perde-vaga-para-docente-na-ufba-apos-medica-branca-entrar-com-acao-contra-cotas.ghtml. Acesso em: 25 nov. 2024.

ENTENDA o caso Alyne. *Agência Senado*, 14 nov. 2013. Disponível em: https://www12.senado.leg.br/noticias/materias/2013/11/14/entenda-o-caso-alyne. Acesso em: 31 out. 2024.

ENTREVISTA com Ana Flávia Magalhães Pinto. Programa Café com Mídia. Disponível em: https://www.instagram.

com/tv/CBbSfQGIflD/?igsh=Y3k1ZDh2Zm9pamt2. Acesso em: 28 out. 2024.

ENTREVISTA com Egnalda Côrtes no Programa Café com Mídia. Disponível em: https://www.instagram.com/tv/CCRlhD_l2YG/?igsh=NWp6MHc2eG8zODR1. Acesso em: 28 out. 2024.

ENTREVISTA com Kelly Quirino no Programa Café com Mídia. Disponível em: https://www.instagram.com/tv/CCmZMfrpfmZ/?igsh=M3N3YnUweW01NDI5. Acesso em: 28 out. 2024.

ENTREVISTA com Juliana César Nunes no Programa Café com Mídia. Disponível em: https://www.instagram.com/tv/CC1guj1F2vj/?igsh=MWFxOGFIaDZ1ZWV6aA==. Acesso em: 28 out. 2024.

ENTREVISTA com Manoel Soares no Programa Café com Mídia. Disponível em: https://www.instagram.com/tv/CBgObXTF6NV/?igsh=MXR3eDNzcDI2NDUxcA==. Acesso em: 28 out. 2024.

ENTREVISTA com Pedro Borges no Programa Café com Mídia. Disponível em: https://www.instagram.com/tv/CBIt4QXlpCk/?igsh=OWx6eHRnZjMwaHRw. Acesso em: 28 out. 2024.

ENTREVISTA com Pedro Caribé no Programa Café com Mídia. Disponível em: https://www.instagram.com/tv/CC1n2hRFion/?igsh=dzRrdHR3Y3E0cWFv. Acesso em: 28 out. 2024.

ENTREVISTA com Silvia Nascimento no Programa Café com Mídia. Disponível em: https://www.instagram.com/tv/CCrpkgzFKUm/?igsh=MWR0ZjJqaTVqdmxuMQ==. Acesso em: 28 out. 2024.

ENTREVISTA com Val Benvindo no Programa Café com Mídia. Disponível em: https://www.instagram.com/tv/CBl1V8eluOD/?igsh=cGtvaDFmN2ZiNzAz. Acesso em: 28 out. 2024.

ENTREVISTA com Valéria Almeida no Programa Café com Mídia. Disponível em: https://www.instagram.com/tv/CA2tYLyFBDk/?igsh=MXYxODY5dWNmaHQxNA==. Acesso em: 28 out. 2024.

FENAJ. Código de Ética dos Jornalistas Brasileiros. Disponível em: https://fenaj.org.br/codigo-de-etica-dos-jornalistas-brasileiros/. Acesso em: 28 out. 2024.

FERREIRA, Andre Henrique Arreguy; VASCONCELOS, Lara Pontes Nogueira. Saiba o que é antipunitivismo. *Politize!*, 7 mar. 2023. Disponível em: https://www.politize.com.br/antipunitivismo/. Acesso em: 25 nov. 2024.

FLAUZINA, Ana Luiza Pinheiro. *Corpo negro caído no chão*: o sistema penal e o projeto genocida do estado brasileiro. 2006. Dissertação (Mestrado) – Faculdade de Direito, Universidade de Brasília, Brasília, 2006. Disponível em: https://cddh.org.br/assets/docs/2006_AnaLuizaPinheiroFlauzina.pdf. Acesso em: 28 out. 2024.

HALL, Stuart. Codificação/decodificação. *In:* SOVIK, Lívia (org.). *Da diáspora*: identidades e mediações culturais. Belo Horizonte: UFMG, 2003, p. 365-80.

KILOMBA, Grada. *Memórias da plantação*: episódios de racismo cotidiano. Rio de Janeiro: Cobogó, 2019.

LULA é recebido na Índia com outdoors que pedem ministra negra e progressista no STF. *Folha de S.Paulo*, 8 set. 2023. Disponível em: https://www1.folha.uol.com.br/colunas/painel/2023/09/lula-sera-recebido-na-india-com-outdoors-que-pedem-ministra-negra-e-progressista-no-stf.shtml. Acesso em: 25 nov. 2024.

MATTOS, Florisvaldo. *A comunicação social na revolução dos alfaiates*. Dissertação (Mestrado em Ciências Sociais). Universidade Federal da Bahia. Salvador, 1971. Disponível em: https://ppgh.ufba.br/sites/ppgh.ufba.br/files/1_a_comunicacao_social_na_revolucao_dos_alfaiates.pdf. Acesso em: 4 nov. 2024.

MEDEIROS, Larissa. Antirracismo: curso debate estratégias para eliminar estereótipos na comunicação. *O Globo*, 26 out. 2020. Disponível em: https://oglobo.globo.com/celina/antirracismo-curso-debate-estrategias-para-eliminar-estereotipos-na-comunicacao-24713224. Acesso em: 27 out. 2020.

MORAES, Cândida Andrade de. *Mulher raio*. Curitiba: Editora CRV, 2021.

NASCIMENTO, Abdias. *O genocídio do negro brasileiro*: Processo de um racismo mascarado. Rio de Janeiro: Paz e Terra, 1978.

NASCIMENTO, Abdias. *O Brasil na mira do pan-africanismo*. Salvador: CEAO/ EdUFBA, 2002.

NASCIMENTO, Abdias. *O quilombismo*: documentos de uma militância pan-africanista. Petrópolis: Vozes, 1980.

NASCIMENTO, Douglas. Os repugnantes anúncios de escravos em jornais do século 19. *São Paulo Antiga*, 5 jul. 2013.

Disponível em: https://saopauloantiga.com.br/anuncios-de-escravos/. Acesso em: 19 out. 2024.

NASCIMENTO, Gabriel. *Racismo linguístico:* os subterrâneos da linguagem e do racismo. Belo Horizonte: Letramento, 2019.

ONAWALE, Lande. *Pretices e milongas*. Salvador: Organismo Editora, 2019.

ORGANIZAÇÃO PAN-AMERICANA DA SAÚDE. Brasil. Ministério da Saúde. Boletim Eletrônico, Componente Saúde, n. 2, mar.-abr. 2005. Disponível em: https://www.saude.sp.gov.br/resources/ses/perfil/profissional-da-saude/grupo-tecnico-de-acoes-estrategicas-gtae/saude-da-populacao-negra/artigos-e-teses/boletim_eletronico_marabr_-_2005.pdf. Acesso em: 25 nov. 2024.

ÒSÓSI, Mãe Stella de. *Òsósi*: O caçador de alegrias. Salvador: Secretaria da Cultura e Turismo, 2006.

PEREIRA, Daiane da Fonseca. Letramento racial no contexto brasileiro de pesquisa. XII COPENE 2022, Discurso, Raça e a luta na linguagem pela democracia. Disponível em: file:///C:/Users/ufsl5a/Downloads/Letramento%20racial%20no%20contexto%20brasileiro%20de%20pesquisa.pdf. Acesso em: 26 nov. 2024.

PINTO, Ana Flávia Magalhães. *Escritos de liberdade*: literatos negros, racismo e cidadania no Brasil oitocentista. Campinas: Editora UNICAMP, 2018.

PINTO, Ana Flávia Magalhães. *Imprensa negra no Brasil do século XIX*. São Paulo: Selo Negro, 2010.

PINTO, Jairo. Dias negros virão. *Cadernos Negros*, v. 33, Poemas Afro-Brasileiros.

PREFEITURA lança cartilha de combate ao racismo com orientações para foliões. *Agência de Notícias*, 13 fev. 2024. Disponível em: https://agenciadenoticias.salvador.ba.gov.br/index.php/en/59-carnaval/24049-prefeitura-lanca-cartilha-de-combate-ao-racismo-com-orientacoes-para-folioes. Acesso em: 25 nov. 2024.

PROGRAMA CORRA PRO ABRAÇO. 8 dez. 2022. Disponível em: https://www.facebook.com/corraproabraco/posts/o-programa-corra-pro-abra%C3%A7o-da-secretaria-de-justi%C3%A7a-direitos-humanos-e-desenvol/2995928333885655. Acesso em: 20 out. 2024.

PORTELA, Poema; SÁ, Izabele; FERES JÚNIOR, João; LEMOS, Fernanda; MINA, João Pedro. Raça, gênero e imprensa: quem escreve nos principais jornais do Brasil? Grupo de Estudos Multidisciplinares da Ação Afirmativa. Rio de Janeiro: Universidade do Estado do Rio de Janeiro: 2023. Disponível em: https://gemaa.iesp.uerj.br/wp-content/uploads/2023/06/TD-Raca-e-Midia.pdf. Acesso em: 26 nov. 2024.

RIBEIRO, Djamila. *O que é lugar de fala?* Belo Horizonte: Letramento, 2017.

SAAD, Luísa. *Fumo negro*: a criminalização da maconha no pós-abolição. Salvador: EDUFBA, 2019.

SANTANA, Midiã Noelle Santos de. BBB 21: desserviço e contribuição ao ódio racial. *Perifaconnection*. Disponível em: https://www.geledes.org.br/bbb-21-desservico-e-contribuicao-ao-odio-racial/. Acesso em: 22 out. 2024.

SANTANA, Midiã Noelle Santos de. *Griots* do nosso tempo: comunicadoras negras contra o cis-heteropatriarcado no Brasil. *ONG Criola*. Rio de Janeiro, 2024.

SANTOS, Milton. O dinheiro e o território. *In:* MILTON, M. et al. (orgs.). *Território, territórios*: ensaio sobre o ordenamento territorial. Rio de Janeiro: Lamparina, 2011, p. 13-21.

SANTOS, Neusa. *Tornar-se negro*: ou as vicissitudes da identidade do negro brasileiro em ascensão social. Rio de Janeiro: Graal, 1983.

SANTOS, Richard. *Maioria minorizada*: um dispositivo analítico de racialidade. Rio de Janeiro: Telha, 2020.

SECRETARIA DE SAÚDE DO ESTADO DA BAHIA. Bairros de abrangência por Distritos Sanitários – Rede Cegonha. *Divisões administrativas territoriais para organizar os serviços de saúde*. Disponível em: https://www.saude.ba.gov.br/atencao-a-saude/comofuncionaosus/redes-de-atencao-a-saude/bairros-de-abrangencia-por-distritos-sanitarios-rede-cegonha/. Acesso em: 12 out. 2024.

SILVA, Maria Auxiliadora da. Milton Santos: a trajetória de um mestre. *In:* El ciudadano, la globalización y la geografía. Homenaje a Milton Santos. *Scripta Nova*, Revista electrónica de geografía y ciencias sociales, Universidad de Barcelona, v. VI, n. 124, 30 de septiembre de 2002. Disponível em: http://www.ub.es/geocrit/sn/sn-124.htm. Acesso em: 25 nov. 2024.

SILVA, Pedro Henrique. Mãe Stella de Oxóssi – E daí aconteceu o encanto/Òsósi, o caçador de alegrias. *Literafro*, UFMG, 21 set. 2018. Disponível em: http://www.letras.

ufmg.br/literafro/resenhas/ficcao/83-mae-stella-de-ososi. Acesso em: 28 out. 2024.

SODRÉ, Muniz. Sobre a imprensa negra. *Lumina*. FACOM/UFJF, v. 1, n. 1, p. 23-32, jul./dez. 1998. Disponível em: https://leccufrj.wordpress.com/wp-content/uploads/2008/10/sodre-muniz_sobre-a-imprensa-negra.pdf . Acesso em: 4 out. 2024.

VIANA, Suellen Coelho. *Redução de danos e antiproibicionismo*: conexões possíveis entre cuidado e política. Trabalho monográfico de conclusão de curso (Graduação em Psicologia). Universidade Federal Fluminense. Instituto de Humanidades e Saúde, 2016.

BIBLIOGRAFIA CONSULTADA

ALMEIDA, Silvio. *Racismo estrutural*. São Paulo: Jandaíra, 2019.

CAMPOS, Luiz Augusto; FERES JÚNIOR, João; TOSTE DAFLON, Verônica. A mídia e a ação afirmativa: uma análise crítica. *Revista de Ciências Humanas*, Viçosa, v. 12, n. 2, p. 399-414, jul./dez. 2011.

CUNHA, Eduardo Vivian; SOUSA, Washington José. O Bem Viver no Brasil: uma análise da produção acadêmica nacional. *Revista Katálysis*, v. 26, n. 2, p. 321-332, maio/ago. 2023. Disponível em: https://www.scielo.br/j/rk/a/TBscbCdnTy6rjhbGqgfPfDB/. Acesso em: 28 out. 2024.

DALTOÉ, Andréia da Silva. *Divulgação do discurso político*: as metáforas de Lula e suas formas de interdição. 2011. Dissertação (Doutorado em Teorias do Texto e do Discurso) – Universidade Federal do Rio Grande do Sul, Porto Alegre, 2011. Disponível em: https://doi.org/10.1590/S1518-76322011000300007. Acesso em: 28 out. 2024.

FERES JÚNIOR, João; TOSTE DAFLON, Verônica; CAMPOS, Luiz Augusto. Ação afirmativa, raça e racismo: uma análise das ações de inclusão racial nos mandatos de Lula e Dilma. *Revista de Ciências Humanas*, Viçosa, v. 12, n. 2, p. 399-414, jul./dez. 2012.

GONZALEZ, Lélia; HASENBALG, Carlos. *Lugar de negro*. Rio de Janeiro: Marco Zero, 1982.

GTI. Plano de Comunicação pela Igualdade Racial na Administração Pública Federal. Brasília: Ministério da Igualdade Racial, 2023. Disponível em: https://www.gov.br/igualdade-racial/pt-br/assuntos/gti-comunicacao-antirracista. Acesso em: 28 out. 2024.

hooks, bell. *Ensinando a transgredir*: a educação como prática da liberdade. São Paulo: WMF Martins Fontes, 2017.

hooks, bell. *Olhares negros*: raça e representação. São Paulo: Elefante, 2019.

hooks, bell. *Tudo sobre o amor*: Novas perspectivas. São Paulo: Elefante, 2021.

JORNAL DO MOVIMENTO NEGRO UNIFICADO (MNU). n. 19, maio/jun./jul. 1991. Disponível em: https://mnubahia.com.br/wp-content/uploads/2024/07/mnu-nego-No-19-MAIO-JUNHO-JULHO-1991.pdf. Acesso em: 28 out. 2024.

MEDEIROS, Luiza da Silva; FERES JUNIOR, João; BARBABELA E OLIVEIRA, Eduardo de Figueiredo Santos. Framing Lula: uma análise dos enquadramentos da mídia sobre o governo Lula. *Revista Brasileira de Comunicação*, v. 10, n. 2, p. 123-145, 2023.

PEREGUM – Instituto de Referência Negra; SETA – Sistema de Educação por uma Transformação Antirracista. *Percepções sobre o Racismo no Brasil*. jul. 2023. Disponível em: https://percepcaosobreracismo.org.br/. Acesso em: 29 set. 2024.

PINTO, Ana Flávia Magalhães. *De pele escura e tinta preta*: a imprensa negra do século XIX (1833-1899). Dissertação (Mestrado em História) – Universidade de Brasília, Brasília, 2006. Disponível em: http://www.realp.unb.br/jspui/handle/10482/6432. Acesso em: 28 out. 2024.

PIOVEZANI, Carlos. Discursos sobre a voz de Lula na mídia brasileira. *Linguagem em (Dis)curso*, Tubarão, SC, v. 15, n. 1, p. 33-46, jan./abr. 2015.

ROCHA, Camila; SOLANO, Esther. A ascensão de Bolsonaro e as classes populares. *In*: AVRITZER, Leonardo; KERCHE, Fábio; MARONA, Marjorie (orgs.). *Governo Bolsonaro:* retrocesso democrático e degradação política. Belo Horizonte: Autêntica, 2021. p. 21-34.

ROCHA, Camila; MEDEIROS, Jonas. Vão todos tomar no...: a política de choque e a esfera pública. *Horizontes ao Sul*, 27 abr. 2020. Disponível em: https://www.horizontesaosul.com/single-post/2020/04/27/vao-todos-tomar-no-a-politica-do-choque-e-a-esfera-publica. Acesso em: 25 set. 2024.

SCHUCMAN, Lia Vainer. *Entre o "encardido", o "branco" e o "branquíssimo":* raça, hierarquia e poder na construção da branquitude paulistana. (Tese) Instituto de Psicologia da Universidade de São Paulo (USP), São Paulo, 2012.

TWINE, France Winddance. A white side of black Britain: The concept of racial literacy. *Ethnic and Racial Studies*, n. 6, p. 878-907, 2004.

WERNECK, Jurema. Nossos passos vêm de longe! Movimentos de mulheres negras e estratégias políticas contra o sexismo e o racismo. *Revista da Associação Brasileira de Pesquisadores/as Negros/As (ABPN)*, n. 1, mar./jun. 2010. Disponível em: https://abpnrevista.org.br/site/article/view/303. Acesso em: 28 out. 2024.

AGRADECIMENTOS

Agradeço à minha família, sobretudo aos meus pais e às minhas tias, por investirem na minha educação. Às mulheres, em sua maioria negras, que cruzaram o meu caminho como mentoras e professoras. À Edlamar França, pelo apoio necessário ao longo dos anos. À educadora Bárbara Carine, ponte generosa para a materialidade desta obra. Aos meus ancestrais, sobretudo os quilombolas do Recôncavo da Bahia, por lutarem pelas nossas vidas. E, por fim, agradeço ao Tempo, por cuidar da minha saúde mental e possibilitar a ressignificação e racionalização de memórias.

Acreditamos nos livros

Este livro foi composto em Roboto e
impresso pela Lis Gráfica para a Editora
Planeta do Brasil em fevereiro de 2025.